科学新悦读文丛

乐享

除此之外，你别无选择

宇宙

[西]
阿尔瓦罗·德·鲁朱拉
（Alvaro De Rújula）
著

尔欣中 杜福君
译

U0199718

人民邮电出版社

北　京

图书在版编目（CIP）数据

乐享宇宙：除此之外，你别无选择 ／（西）阿尔瓦罗·德·鲁朱拉著；尔欣中，杜福君译. -- 北京：人民邮电出版社，2020.12
（科学新悦读文丛）
ISBN 978-7-115-54390-5

Ⅰ．①乐… Ⅱ．①阿… ②尔… ③杜… Ⅲ．①宇宙学－普及读物②粒子物理学－普及读物 Ⅳ．①P159-49②O572.2-49

中国版本图书馆CIP数据核字(2020)第117676号

版 权 声 明

- ◆ 著　　　[西]阿尔瓦罗·德·鲁朱拉（Alvaro De Rújula）
- 译　　　尔欣中　杜福君
- 责任编辑　杜海岳
- 责任印制　陈　犇
- ◆ 人民邮电出版社出版发行　　北京市丰台区成寿寺路 11 号
- 邮编　100164　电子邮件　315@ptpress.com.cn
- 网址　https://www.ptpress.com.cn
- 北京瑞禾彩色印刷有限公司印刷
- ◆ 开本：690×970　1/16
- 印张：11.5　　　　　　　2020 年 12 月第 1 版
- 字数：184 千字　　　　　2020 年 12 月北京第 1 次印刷
- 著作权合同登记号　图字：01-2019-2394 号

定价：59.00 元
读者服务热线：**(010)81055410**　印装质量热线：**(010)81055316**
反盗版热线：**(010)81055315**
广告经营许可证：京东市监广登字 20170147 号

内 容 提 要

　　这是一本可以使读者快速了解宇宙学与粒子物理学基本概念和前沿研究进展的通俗读物。本书对次原子粒子（又称亚原子粒子）和天体宇宙这两个极端尺度的物质进行了介绍，内容涉及暗物质、引力波、宇宙背景辐射、反物质、玻色子、力的统一、黑洞、大爆炸、宇宙膨胀、宇宙未来的命运等。为了便于读者更好地理解宇宙学这一奇妙而又高深的领域，作者尽量采用通俗的语言和各种类比进行描述，并搭配了大量有趣的插图。我们可以从中体验到宇宙之美和物理学之美。

　　本书适合对天文学和物理学感兴趣的读者阅读。

致　谢

衷心感谢艾丽西亚·里维拉、法比奥·特鲁克和弗维以及牛津大学出版社的 5 位匿名专家仔细审读了本书初稿并提出了很多有益的建议。特别感谢艾丽莎·穆克塞拉说服我写这本书。

译者序

"多重宇宙"是一个十分诱人的概念，在诸多科幻作品中引发了精彩的情节。然而在我们这个世界中，多重宇宙还只是一个停留在少数理论物理学家脑子里的猜测。不仅如此，对于我们生活的宇宙，我们其实也知之甚少。虽然近几个世纪以来科学技术有了令人惊叹的发展，人们的日常生活也发生了翻天覆地的变化，但是在享受科学技术带来的便利的同时，只有极少数人理解或知道一点科学的最新发展，更不要说为科学的发现而激动了。

这当然全是科学家们的错误！他们完全处于自我陶醉的状态，兴奋无比地沉浸在对自然的探索发现中，却忘记了更多的人是没有机会参与甚至了解这些发现的（也有可能是人们都不感兴趣）。无论原因是什么，本书的作者对广大科学家的疏漏进行了弥补。从浩瀚的宇宙到微观的基本粒子，他向我们介绍了当前理论物理学发展的前沿情况。粒子物理学和理论物理学是非常深奥的话题，很难向外行的普通读者解释清楚。这大概也是这类科普读物非常少的原因，但是本书的作者用风趣的语言做了一次很好的尝试。

读者在读过本书之后可能会发现，从最小的粒子到整个宇宙（仅限于我们的宇宙），虽然从时间和空间上跨越了几十个甚至上百个数量级，但它们的理论最终走到了一起。这是让人觉得极其不可思议的事情，这就是自然的神奇，也是科学工作者为之兴奋的原因。我们衷心地希望读者在书中也能找到同样的乐趣。

在本书翻译过程中，郝小楠编辑帮助我们翻译修改了大量的章节，我们表示由衷的感谢。人民邮电出版社的刘朋编辑也为我们提供了诸多帮助，包括文字修饰及其他修改意见。

尔欣中　天体物理学博士
现就职于云南大学中国西南天文研究所
杜福君　天体物理学博士
现就职于中国科学院紫金山天文台

阿尔伯特·爱因斯坦抱着可观测宇宙,他的理论深刻地影响着我们当前对这个宇宙的理解。可观测宇宙图片版权归威尔金森微波各向异性探测器(WMAP)/美国国家航空航天局(NASA)所有。

大多数人，包括他们中的大多数科学家，之所以熟悉一些体育项目的规则和近期比赛的结果，可能是因为他们自己参与过这些项目，或者只是因为关注这些体育赛事。大多数科学家也会在他们的行业中进行实践，即使不自己动手，也会认为关注科学的发展是很有趣的。我们对体育和科学或者"大多数科学家"和"大多数人"的类比就到这里为止了。

大多数非科学工作者不会坚持认为理解我们恰好所在的宇宙或者只是试图去理解它也是非常有趣的。对于科学文章来说，"我什么都弄不懂"可不是什么少见的反应。在我看来，主要的原因不是科学有多无聊或者高深莫测，更普遍的情况是科学没有得到很好的普及。

但即使是在一个幼儿园里，孩子们也会被教给一些"科学方法"：做实验并从结果中得出结论。具体来说，可以给一群非常小的孩子一架天平、一个水壶、一种用来测量液体体积的厨房用具和不同类型的球（比如网球、高尔夫球、乒乓球、台球……），这个实验的主要目的是找出什么使得这些球浮起来或沉下去。

结果有点让人惊讶：孩子们很快就弄明白了大小不是问题，关键是某些和质量相关的东西。如果他们不是还在蹒跚学步的小孩子，那么稍微给他们一点提示，或者给他们一些同样大小而质量不同的球，他们甚至有可能发现答案与质量和体积之间的关系（二者之比是密度）有关。游戏更有效率，而且如果是以小组的形式进行的，则能让孩子们了解到合作的益处。游戏还可以给孩子们带来很多乐趣、有用的思考方式，使孩子们获得基于好奇心和建设性疑问的解决问题的方法。

上面这段话并非基于科学家非常热衷的思想实验，而是来自真实世界中的孩子们所参与和操作的很多"实验"的结果。有一个成功而资金并不充裕的教育项目，由美国诺贝尔物理学奖获得者利昂·莱德曼发起，被称为"动起手来"（Hands On）[1]。这个项目采用了"尝试—错误—再尝试"的教学方法，并特别对芝加哥的"问题街区"的小孩进行了测试。该项目已经从美国传到了法国等国家，它在法国被称为"动手玩面团"[2]，由诺贝尔物理学奖获得者乔治·夏帕克发起。

在中学甚至大学阶段也存在类似"动起手来"这样的主动学习项目。在这一教学阶段，存在的问题可能是老师自己并不是很擅长教学，至少卡尔·威曼是这么认为的。卡尔·威曼同样是诺贝尔物理学奖获得者，他积极从事这一阶段的教学活动[3]。在该阶段，关键是抛弃过时的、强调不断重复和死记硬背的教育方式，代之以更有建设性的方法。

本书不是为（特别小的）孩子而写的，也不是为物理学家而写的。本书是为任何有兴趣了解当前我们对宇宙的基本科学认识的人而写的，不管他受过什么样的教育。"宇宙"一词在这里指的是从最大的天体（宇宙本身）到最小的物质（基本粒子，它们的性质不需要通过更小的组成部分就能解释）的所有可观测的对象。在这个领域已经出版了许多著作，那么为什么要再写一本呢？因为试图认识宇宙的那些尝试真的很有趣，我无法抵挡分享它们并表达出我个人所体验到的这份愉悦的冲动。

某些读者也许对数学比较敏感。别怕，我只会用到很少的代数 [即用符号来表示概念（比如 $E = mc^2$）或者概念之间的关系（比如不等号 $\neq$、约等号 $\approx$、正比号 $\propto$、大于号 $>$）] 和算术 [即加减乘除四则运算和幂运算（比如 10^3，也叫 10 的立方，等于 1000）] 知识。我可能偶尔也会用到平方根和向量，但一定会进行提醒。

　　另外，还有 3 项事先的提醒。对于每个稍微涉及代数知识或不可避免有些难懂的章节，我都会在标题中标注一个、两个或三个星号进行提醒。读者可以根据自己的喜好跳过不看。一些脚注包含技术性的说明，以满足有相当知识储备的读者的需要。在全书的最后附有术语解释，因为很多在一处出现而又在后文中被用到的概念和名词读者在阅读时很难全部记下来，比如费米子、玻色子以及第 10 章中各种力的名字。

参考文献

　　[1] See, for instance, Looking Back: Innovative Programs of the Fermilab Education Office.

　　[2] Fondation de Coopération Scientifque pour L'Éducation à la Science.

　　[3] WIEMAN CARL. Scientifc American. 2014:60.

目录

第1章
把物理作为一种艺术形式

如果上帝创造宇宙时咨询过我，我会建议他搞简单点。

——卡斯蒂利亚王国的阿方索十世（1221—1284）

这位国王的这段话是用来评论精确、普及面很广而又非常复杂的托勒密太阳系模型的。在这个模型中，行星以非常复杂的轨道绕地球运转，而不是绕着太阳运转。这位杰出的国王、智者阿方索十世有很好的直觉：事实的确更简单！

对科学家来说，"简单"的同义词是"美"，例如描述宇宙的方程之美。但是，为那些不一定很懂数学的读者写物理科普书的第一条准则就是不写任何方程。但可能有个例外，即 $E=mc^2$。这个方程经常被错误地解释[①]。谁能忍住打破这个规则的诱惑？为了掩盖我的"不轨行为"，我打破这个规则写了另外一个方程，见图1。

在图1中，黑板上的神秘涂鸦是广义相对论的爱因斯坦场方程。这个简单的公式包含了"物理学家所知道的全部知识"的很大一部分——在一个基本水平上[②]。它说引力是由引力场的特征来描述的，并融入了方程的左边，也就是等号的前面。引力的"源"（等号右边的部分）是任何有质量和/或能量以及动量的物质[③]。这个方程描述或者预言了（除了那些不可思议的精度之外）广为人知的砸到

---

① 关于这一点，我们将在第4章的第二部分进行介绍。

② "基本"和"表象"相对。例如，一个固体的特征由组成它的原子的外层电子（可视为一种表象）决定。我们知道且理解了好多表象。

③ 这些看起来很显然的概念的实际意义将在第4章中进行讨论。

牛顿头上的苹果、GPS 卫星里钟表的行为、行星的轨道（包括水星轨道及其近日点①的奇怪"提前"）、星光由于太阳的引力而出现的偏折、恒星和星系的运动、黑洞的存在、双脉冲星辐射的引力波以及黑洞的并合……一直到宇宙的膨胀②。谁会不承认从简洁的意义上说这是一种美的行为？

图 1 *阿尔伯特·爱因斯坦和他的黑板。在右下角的那块黑板上，等式左边描述了引力，右边是它的"源"，在第 7 章的第二部分有详细讨论。符号 c 代表光速，G 是万有引力常数，决定了引力的大小。μ 和 ν 表示时间和空间的 3 个维度，取值为 0 ~ 3。8 和 π 是其他的已知常数。$g_{\mu\nu}$ 描述了时空的"几何"形状，它通常是"弯曲的"，像一个球的表面。符号 R 是关于 g 及其时空变化的确切函数。关于 Λ 的细节内容，请参见正文。*

在图 1 中，右上角黑板上的内容是爱因斯坦追加的，后来他认为这可能是他最大的错误。然而，后来人们发现这可能是他的主要贡献之一。这可不是那么容易说的哦。符号 Λ 的意思是宇宙常数。它被加到图中的另一个方程中，可以被诠释为"真空的能量密度"。如果 Λ 不是零，那么真空就不是真的空，就像我们将

---

① 行星轨道上离太阳最近的点。

② 一位有背景知识的读者也许会嘲笑说这需要一个额外的假设：宇宙学原理，其内容是如果在足够大的体积里取平均，则宇宙在任何地方都有同样的特征。如果宇宙在诞生后不久经历了一段暴胀时期，我就会回答说这不是一个假设。我们将会在第 29 章进行讨论。

在第 22 章第一部分详细论述的那样。目前，宇宙常数是对当前宇宙加速膨胀这一观测事实的最简单解释。对一个正的 Λ，宇宙中的"一大块"真空将引力互相推开，因此产生了加速。这难道不是很"美丽"，或者至少可以说是让人着迷的吗？

恰好有个深奥的问题还没有严谨的答案：为什么自然的基本法则是优美且简洁的？一位诺贝尔物理学奖得主（不像我在序中的做法那样，我在这里略去他的名字）有一个不太确定的答案：看看我们的星球就足以下结论，如果有什么人创造了宇宙，她肯定是胡乱做的；否则的话，你要如何解释，例如，许多国家的政局情况？你大概注意到了这位诺贝尔奖得主是一位女权主义者，因为他假设造物主是一位女神。这位女神恰好有不错的品位，我指的是周末的活动，在休息时她应该会去读上一周的物理学文献。当她碰到了一些无法抗拒的美丽东西时（我已经给出了一个例子），她确定那就是真相。这里指不可避免的自然法则。因为这位女神是万能的，新的自然法则变成永远正确的了……它甚至在应用到过去时也无法被打破。

正确的答案总是最简单的说法，这一情况并不仅仅存在于科学中。"简单的说法"依据的是奥卡姆剃刀原理，这个原理由英国苦行修道士和哲学家奥卡姆的威廉（约公元 1287—1349）提出。在许多场合，特别是在科学领域，从复杂的假设中区分出更简单的因素的工具并不需要像剃刀那么锋利，甚至一个汤勺就可以了，见图 2。一个清晰的例子就是行星运行轨道的日心说观点和更复杂的地心说观点，后者认为地球是宇宙的中心。

图 2　奥卡姆的威廉与他的剃刀和汤勺。

第 2 章
把科学当作一种体育运动

对自然法则的探索也是一种竞技"体育"运动，非常近似于一种比赛。人们也许觉得得到正确的自然理论就是唯一重要的。如果将自然看作一个参赛者和一个无可挑剔的裁判，那么可能还有其他什么重要的东西。一个问题是，当历史背景成熟了之后，一个特定的发现（无论是理论还是实验）经常是被多个个人或团队几乎同时完成的。在数学史上有个经典的例子，那就是微积分的发明（使用微小的步骤建立一个完整的对象，比如行星的运动轨迹）。艾萨克·牛顿和戈特弗里德·威廉·莱布尼茨以及他们的追随者激烈争论谁首先发明了微积分以及是否存在剽窃现象。科学家们对同样的胜利和几乎同时完成的工作的竞争缺少一张"撞线快照"（在短跑比赛中公正的裁判），而且孰先孰后的问题非常普遍。

越来越多的可靠证据表明维京海盗登陆美洲的时间早在 10 世纪。毫无疑问，美洲印第安人在更早的时候已经到了那里。然而，"发现"美洲大陆的荣誉还是落到了哥伦布的头上。因此，关键不是第一个发现，而是最后一个。我是从一位非常聪明的同事那里学到了这一点，他承认他被引用最多的文献其实仅仅是对以前一些已知内容的改进。大部分科学家对被认可极其敏感，而无论自己是否应该得到这一荣誉。

史上最好的科学竞赛系列剧肯定就是"爱因斯坦与自然对决"了。前 3 场比赛他都在 1905 年这一年时间里轻松拿下。在那个奇迹年里，他创立了相对论，理解了布朗运动并解释了光电效应。在相对论的创立上，前人的工作是否也有很多贡献？这实际上存在很大的争议，与此相关的人物包括亨德里克·洛伦兹、亨利·潘卡里和赫尔曼·闵可夫斯基，但只有爱因斯坦得出了广为人知的结论

$E=mc^2$。布朗运动（水中花粉颗粒的不规则运动）是由水分子的碰撞造成的。这个结论明确地建立起了物质的非连续"原子"特性。为了详细解释光电效应（说明光是如何撞到金属上并从中挤出电子的），爱因斯坦必须假设光也是"打包"出现的。这是一种我们现在称为光子的基本粒子。爱因斯坦因此获得了诺贝尔奖，而并不是由于他的 4 项贡献中人们公认成就最大的那一项。

在"爱因斯坦与自然对决"的所有比赛中，最精彩的一场无疑就是爱因斯坦解开了引力之谜，他想出了图 1 中的方程。这场"竞赛"开始于 1907 年的一个简单的思想实验。爱因斯坦意识到，如果某人待在一个密闭的下落电梯中，他将会飘起来，而且不知道自己处于可能致命的加速运动状态。从这个例子里，他总结出加速度和引力是"局部等价的"。从那里通向广义相对论方程的道路是艰辛的，即使是对学习它的人而言也是如此，更不用说试图从头将其推导出来。爱因斯坦在 1915 年创立了广义相对论。我们不知道他在走完这段艰辛之路时感受如何，也许就像图 3 中所描绘的那样。爱因斯坦试图在余生中找出引力和电磁力的"大统一"理论，但是失败了。

图 3　阿尔伯特·爱因斯坦在庆祝广义相对论的诞生。（图中文字的意思为"今夜是迪斯科之夜"。）

第 3 章
麻烦的单位问题★

　　许多用来测量实物的单位（比如距离的单位米）在美学上很有趣，但是实际上又很让人头疼。头疼的不是人们必须记住某些单位的换算关系，比如英里、千米、海里、俄里与英尺等，而是在开车出去时可能需要把英里／加仑转换为千米／升，或者类似的，但这不是一下子就能算出来的，更不要说习惯于使用华氏度或摄氏度的情况，特别是当你不是出生在使用这种计量单位的地方时。也许让人不感到奇怪的是，只要可以，科学家们就会经常选择 1 作为许多基本量的值。

　　在一些方面，单位的使用已经有了进步。欧盟的 19 个欧元区国家[①] 和 4 个地理面积很小的欧洲国家[②] 采用了一种通用货币——欧元。这对经济发展来说也许有用也许没用，但这对银行业务、交易、旅行和很多其他事情而言意味着巨大的便利。例如，一个人可以跨越欧洲大陆的大部分地区而只带一个钱包，反之则要带一个装满各种不同货币的公文包。

　　像货币一样，基本的科学单位系统（比如说长度和时间）也在智能地演化。1 米最早的定义是子午圈长度的四分之一（从极点到赤道）的固定比例（一千万分之一）。越野远征队从前曾出发去"测量米"，这是一件充满喜感的荒谬之事。

　　从 1889 年到 1960 年，1 米是在巴黎的某地保存于冰融化温度下的一根铂铱棒（米原器）的长度。秒则曾经采用平均太阳日的 1/86400 来表示。光速一般用 c 来表示，是一个很大的数值，包括很多数字以及不可避免的不确定度。特别可

[①] 奥地利、比利时、塞浦路斯、爱沙尼亚、芬兰、法国、德国、希腊、爱尔兰、意大利、拉脱维亚、立陶宛、卢森堡、马耳他、荷兰、葡萄牙、斯洛伐克、斯洛文尼亚和西班牙。

[②] 安道尔、摩纳哥、圣马力诺和梵蒂冈。

笑的是，真空中的光速是一个无法变化的自然常数。

1 秒现在被定义为一个周期值的固定倍数（9192631770），这个周期是铯 133 原子基态的超精细能级跃迁所发出的光的周期[1]。这也是自然界中的一个常数。不像人们为米寻找的一个荒唐的定义那样，（真空中的）光速现在的精确值是 299792458 米 / 秒。结合现在 1 秒的含义，这就给出了 1 米的定义，从而节省了铂、铱以及加工制作和交通费用。

注意，在真空中，光在 1 纳秒[2]内传播的距离大约是 1 英尺（精确的说法是 29.9792458 厘米）。如果我定义"我的皇足的长度"[3]为精确的距离，那么光速将会精确到 $c=1$，以英尺 / 纳秒为单位。这是一个非常简单的数字。此外，有了 $c=1$，时间的单位（纳秒）和距离（光在 1 纳秒内传播的距离）的单位在本质上就一样了，见图 4。把光速设为 1 后，测量海上的距离和深度时用千米作单位比用海里和英寻更好。后面两个单位用于描述你的潜艇到你用鱼雷瞄准的敌舰的距离。你一旦确定了这些距离，敌舰就完蛋了。图 5 对鱼雷和舰船常用的单位进行了说明。

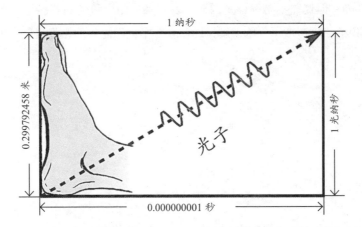

图 4　光在 1 纳秒内传播 29.9792458 厘米（或者说是我的皇足的长度），或者更简单地说是 1 光纳秒的距离。水平轴和垂直轴分别代表时间和距离。脚的图片版权归皮尔森·斯科特·福尔斯曼所有。

---

① 这两个能级是由于原子核和最外层电子的自旋的相对指向所造成的。关于自旋的知识将在第 11 章中进行介绍。

② 1 纳秒（ns）是 10^{-9} 秒。

③ 古代欧洲人将人类脚的平均长度视为 1 英尺。——译注

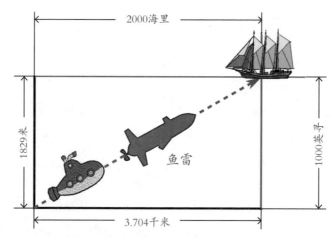

图 5　不论是以古老的单位（英寻或海里）还是以米来测量，水平轴和垂直
轴都代表距离。船和潜艇的图片来自 Pixabay。

　　物理学家使用自然单位制，把某些基本量的值定为 "1"。"自然的" 光速就是 1。对物理学家来说，结果就是质量和能量使用同样的单位进行计量，$E=mc^2$ 简化为 $E=m$。但这并不是说，爱因斯坦发现物体的质量会随着能量变化，尽管他是这么说的。这造成了一些误解，即使在一个世纪之后的一些教科书里还会出现这种误解。

第 4 章
科学的方法

真相是，在太长的时间内，自然科学只是被看作大脑中想象的工作，它
早该回到对具体事物平实而细致的观测上。

——罗伯特·胡克（1635—1703）

有时我们说，如果一门科学对相关问题的解答超出了它已有的界限，那么
它就是基础的。如果把"基础"这个词替换成"迷人的"，这也许就是个合理的
解释。这大概说明了为什么一些成功的科普图书探讨的话题是"超越界限"。在
理论物理中，这些话题包括时间的意义、可以实现的回到过去的旅行、三维空
间和一维时间之外的维度、我们宇宙之外的宇宙、宇宙最初的瞬间、在那"之
前"的一天等①。

除了非常偶然的情况，我一般只讨论实验或宇宙学观测中已经被证实为正确
的内容。"正确"不同于"真实"，这里指的是科学的进程是通过不断提供更好的
近似过程来推动的。当我偏离这一自我施加的严格遵循科学方法的要求时，无疑
读者能意识到我是在开玩笑②。

---

① 在我看来，讨论这些话题没有任何不妥，除非在谈论事实、合理的推测和彻底的幻想时没
有做出明显的区分。

② 一个例子是我在 1905 年拜访爱因斯坦时对他进行了采访。

质量、能量和动量

2012 年 7 月 4 日，欧洲核子研究组织（CERN）[①] 发布了发现希格斯玻色子的声明，受到了媒体前所未有的关注。在新闻评论中，关于"质量"概念的讨论无穷无尽，这是由我们即将讨论的希格斯玻色子所引发的，它和（其他）基本粒子的质量的起源有关。这告诉了我们，非常简单的概念（质量）极其容易被误解，这种误解很大一部分由爱因斯坦自己造成。因此，我将用这个概念来说明科学的方法。

迄今为止，这种方法像一个无休止的简单计算机程序。

① 接受（也许是暂时的）一些基本概念。

② 从经验上（通过实践的语言）定义它们。

③ 要求概念之间的联系与观测一致。

④ 以此为基础开始进行构建，如果不成功，则回到第一步重新开始。

让我们像数学家一样一丝不苟地看看图 6，然后以简单实际的方式接受时间和空间的概念，也就是我们都同意用钟表和一把特别的尺子测量时间和空间距离。我们会说一个在连续的等时间间隔内移动相等的直线距离的物体在做匀速运动。我们来看台球的运动。让我们把台面和台球清洁干净，直到台球可以在台面上稳定地运动，并且能达到我们的钟表和尺子的精度。

我们将不可避免地采用一种科学手段：数学。对于一个匀速运动或者静止的球，我们可以把速度定义为球经过的距离和所需要时间的比值。在台面上有两个分量，分别沿着它的长度方向（我们称之为 v_x）和宽度方向（我们称之为 v_y）。我们可以把它们叠加在一起作为一个矢量（既有大小又有方向），记作 $\vec{v}=(v_x, v_y)$。下一个我们将要面对的繁重的数学任务是定义速度的平方是每一个速度分量的平方的和，即 $v^2=v_x^2+v_y^2$。速度矢量的长度就是 v，符合勾股定理[②]。

---

① 该机构坐落于瑞士日内瓦附近。美国的竞争者费米实验室则位于伊利诺伊州。

② 我又悄悄地引入了一个数学概念——平方根。数 a 的平方根记作 $\pm\sqrt{a}$。也可以反过来定义平方：$(\pm\sqrt{a})^2=a$。例如，4 的平方根是 2 和 -2。但像 $\sqrt{-4}$ 这种情况还不需要。

3 个不同职业的人在第一次
到威尼斯旅行时这样说。

政治家说："所有的船夫都是女人。"
物理学家说："这个船夫是女人。"
数学家说："你完全可以说这个船夫从
右侧看起来像一个女人。"

图 6　不同职业的人的不同观察。

　　下面让我们来看一组实验。我们先找来一组相同的球，然后让运动的球和静止的球相撞，或者让两个运动的球相撞。这时，我们有以下两个基本发现。

- 一对相互碰撞的球的速度之和（$\vec{v}_1+\vec{v}_2$）在碰撞前后是一样的，尽管 $\vec{v}_1$ 和 $\vec{v}_2$ 在碰撞前后发生了变化。如果大家不熟悉矢量加法，则可以参考图 7。
- 在碰撞前后，两个球的速度的平方和也是一样的。

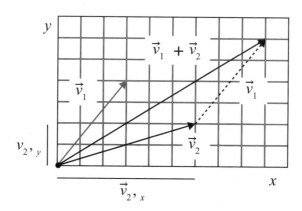

图7　两个矢量 $\vec{v}_1$ 和 $\vec{v}_2$ 以及它们的和。你可以将它们在横轴和纵轴上的投影（或者说坐标）相加，例如 $\vec{v}_1+\vec{v}_2=(v_{1,x}+v_{2,x}, v_{1,y}+v_{2,y})$。但是平行移动 $\vec{v}_1$ 要简单得多，如图7中的虚线所示。然后从原点画一条线段到虚线的箭头，得到的这个结果就是两个矢量的和。用这种方式建立的 $\vec{v}_1+\vec{v}_2$ 显然和坐标系无关，可以任意旋转。

　　下面我们满怀热情地测试一下得到的结论。取另一种材质不同而大小相同的球，然后让它们在桌面上以同样的高度发生碰撞。我们失败了，刚刚发现的守恒定律失效。我们需要回到科学方法中的第一步。

　　我们没有被失败打垮，下面尝试一种最简单的可能性。我们给不同材质的球赋予另一个新的特征：数值。设定球1的质量为 m_1，球2的质量为 m_2，以此类推。这一次，我们得到了两个真正的发现。

- 在碰撞前后 $m_1\vec{v}_1$ 和 $m_2\vec{v}_2$ 的和是一样的，即使 $\vec{v}_1$ 和 $\vec{v}_2$ 在碰撞前后发生了变化。
- 同样不变的是 $\frac{1}{2}m_1v_1^2$ 和 $\frac{1}{2}m_2v_2^2$ 的和，即使碰撞改变了两个球的速度。

多亏有了科学的方法，我们才得到以下收获。

- 无意中观察到两个基本概念：动量（$\vec{p}=m\vec{v}$）和动能（$E_k=\frac{1}{2}mv^2$）。
- 发现了在一个作用过程中（这里是一次碰撞）总的动量守恒：$\vec{p}_1^{\,in}+\vec{p}_2^{\,in}=\vec{p}_1^{\,out}+\vec{p}_2^{\,out}$。
- 从经验上定义了惯性质量的概念 [1]。
- 顺带发现了粒子动力学的规律在被研究物体转动的时候是不变的，参见图7和图8的说明。

---

[1] 相应地，还有"引力"质量，我们将在第7章第二部分进行讨论，结论是这两个质量是一回事。

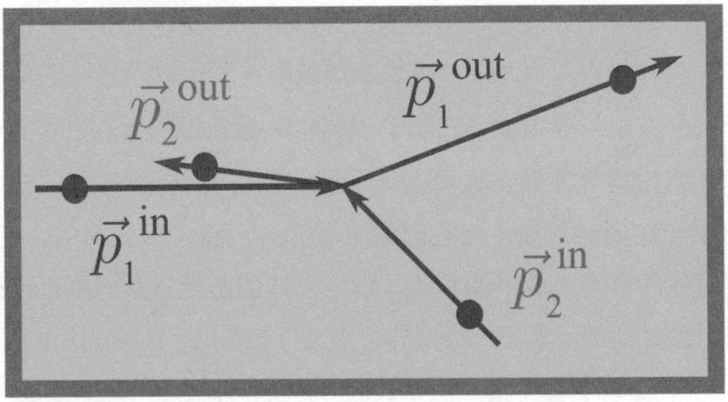

图 8　台球桌上的台球（球 1 是红色的，球 2 是蓝色的），其中，"in" 和 "out" 分别表示碰撞前和碰撞后。一名台球冠军用他的红球来撞击运动中的蓝球，如果箭头的长度表示球的速度，那么这次碰撞是不可能真实存在的。但是这个箭头表示的是动量（质量乘以速度），而不是速度。我现在要说，球 1 的质量是球 2 的两倍。在这个条件下，这次假想的碰撞满足动量守恒定律。这是可能的，我们很容易用笔进行验证。

我讲一个上大学时候的故事，对我们上述的发现做一点补充。我们有一位非常可怕的数学教授。有一天，他（这位教授，不是"大元帅"）从位于三楼的办公室的窗台上掉了下来，半死不活地躺在地上（他活了下来）。他的嘴里一直在念叨："感谢上帝，只有一半。"过了一会儿，一位胆大的同学从人群中挤了出来，问道："教授，一半……什么东西的一半？""白痴！"他回答道（不是非典型的），"明显……mv^2 的一半。"那就是 $\frac{1}{2}mv^2$，m 和 v 分别是这位教授的质量和速度。

需要承认的是，我在这里有一点作弊。在我所说的动能里，我没有解释 "$\frac{1}{2}$" 这个数值。这涉及一些惯例，它们与一些其他类型的能量的存在和习惯的定义相关。其中一个是由于地球对这些台球的引力而产生的引力能，这里我假设台球桌面是水平的（而且没有摩擦），所以（悄悄地）把引力能排除掉了。一个更大的"骗局"是我之前并没有提及这些球是"非相对论性的"，也就是说它们的速度在我的仪器精度内和光速相比完全可以忽略不计。

如果引力能和动能相比非常小，而且我们是在空中（在真空中更好）重复这次碰撞实验，那么我们发现的动量守恒定律就会是三维的，而不像台球桌面一样是二维的。即使引力不能忽略，我们还是会发现这个守恒定律，前提是我们考虑了在不同高度下的引力能不同。

科学方法是普适性的，而且无懈可击。任何人在任何地方都可以尝试我所讲述的实验，所以说科学方法是普适性的，即所得到的结论都是一样的，因此也是无懈可击的，没有什么人为产生的内容和活动引入其中。

科学方法的提出一般来说要归功于伽利略·伽利雷，他最出名的实验是在比萨斜塔上做的自由落体实验（大概是虚构的，他可能并没有做这个实验），实验的结果是两个物体同时落地，与它们的质量无关。更广为人知的，也是真实的，是罗马教会对他的审查。关于伽利略，不为人知的是他还是一位诗人，而且是非常有趣的那一种。他的小册子《反对穿上礼服》(*Contro il portar la toga*) 是以五步抑扬格写的[①]，尽管它非常滑稽。这本小册子讲述了他在上大学期间如何被迫穿上正式的礼服，然后当他试图匿名去色情场所时，这又怎么成了一个问题。

$E = mc^2$，对不对[★]

如果"相对论性"的物体以比 c 小不了太多的速度运动，那么我们刚刚发现的能量和动量守恒定律就不正确了。如果我们用"相对论性"的球来做实验（假设由粒子加速器和对撞机来完成），我们就会再次发现这些守恒定律是正确的，前提是我们引入了一个小小的修正：在某些地方需要采用一个依赖速度的函数，即洛伦兹因子 $\gamma(v)$。

令 $\gamma = 1/\sqrt{1 - v^2/c^2}$。注意，如果 v 远远小于 c，那么这个因子近似等于 1，否则的话，正确的守恒动量就不再是 $p = mv$ 而是 $p = \gamma mv$，正确的守恒能量则是 $E = \gamma mc^2$ 而并不是随处可见的 $E = mc^2$。出于某些原因，1905 年爱因斯坦决定重新定义 γm 作为"质量"，结论就是它随速度而变化。但是，$E = mc^2$（对静止的粒子有效）并不是一个等式。爱因斯坦自己误解了。

我们看到许多粒子是不稳定的，它们会衰变成其他粒子。例如，火焰中的原子被"激发"了，然后它们衰变成"不那么容易激发"的原子态以及光子（就是我们看到的火焰的光芒）。在这样的一个过程中，（受激发的原子的）初始能量等于其衰变产物能量的总和。但是初始质量不等于衰变产物质量的总和。因此，能量是守恒的，而质量不守恒。质量和能量也不是等价的。这样我们就以一种无可争辩的方式终结了关于质量和能量的那个等式的讨论。

---

① 每行包含 5 个抑扬格（重读音节和非重读音节依次间隔排列）。

在图 9 中，我画出了 $E=\gamma mc^2$ 作为速度的函数时的曲线（对速度的依赖全部体现在了因子 γ 中）。在 $v=0$ 时，$E=mc^2$。当速度相对于 c 很小时，γ 近似是 $1+\dfrac{v^2}{2c^2}$[①]，E 近似为 mc^2（静止质量）加上动能 $E_k=\dfrac{1}{2}mv^2$。这是我们刚刚从台球实验中发现的。

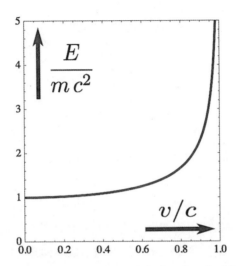

图 9　纵轴是一个质量为 m 的粒子的能量 E 除以它的静止质量 mc^2 所得的结果，即洛伦兹因子；横轴是以光速 c 为单位速度的相对速度。

随着 v 越来越接近光速 c，$\gamma=1/\sqrt{1-v^2/c^2}$ 和能量 $E=\gamma mc^2$ 越来越接近无穷大。对于一个非零质量的粒子来说，它将需要无穷大的能量来达到光速，也就是那个人们熟知的极限（不能比光速还快）。光子（就是由爱因斯坦第一个"发明"出来的光的粒子）的质量是零。无论光子的能量是多大，它们总是以光速运动[②]，而与它们相对于观测者的速度无关。在这个意义上，质量是"相对论性"不变的，而动量和能量则不是。这又一次体现了质量和能量在概念上的不同。

对于 v 大于 c 的情况，γ 则是一个负数的平方根：它不是实的，而是虚的。超光速运动也是虚的（不可能的）。

---

① 如果你不知道如何证明这是一个好的近似，那么你就相信我吧。

② 我们用 $c=1$ 来简化一些计算，对代数比较熟悉的读者可以进行检验：对任何物体来说，式子 $E^2-|\vec{P}|^2=m^2$ 总成立（在 $m=0$ 时也成立）。

第 5 章
3 种相对论

为了"迷惑"不熟悉的人，物理学家区分了 3 种相对论理论：爱因斯坦的广义相对论和狭义相对论，以及伽利略的相对论。第一种相对论是关于空间、时间和引力的理论，我们已经在分析图 1 的时候碰到了。

伽利略的相对论是爱因斯坦狭义相对论的前身。在一个著名的思想实验里，两个在密闭的船上打球的人无法知道船是静止不动还是在匀速航行（默认海面很平静）。由此，他得到的结论是，运动的法则不依赖你是否相对于其他什么东西（这里是水面）运动。

这艘船是两个球手的参考系（也称参照系）。一个懒散的度假者漂浮在水面上时，水面是他的参照系（懒人的属性增加了"他"是男性的概率）。这种非加速的系统以及其中静止的观测者被称为惯性系。

狭义相对论基于这样一种假设：所有的自然规律（包括描述光和电磁场的那些规律）对于任何非加速的观测者都是一样的。两个相对运动的观测者在测量中会得到同样的光速。你可以发射出一束光，然后追赶它。你将会发现这束光还是以固定速度 c 跑在你的前面。这令人惊讶，但它是正确的。

一个结论是，光不是在一种普遍的固定实体中运动。这里的"实体"指的是以太，一种假想的定义绝对空间的"绝对静止"的实体。光不是以太的一种振动，不像声音是某种介质（比如空气或者你的耳膜）的振动。

不像匀速运动，你即使闭着眼也能感觉到加速度[①]。广义相对论是考虑了加速

---

① 每个人在火车站中都有这种经历。我们看到旁边的火车匀速向某个方向开走了，或者可能是我们乘坐的火车向相反的方向开走了。如果这发生在完全空的空间（只有火车而没有车站）中，那么我们将无法判断是哪种情况。如果你乘坐的火车加速了，你肯定就会知道。

因素时狭义相对论的推广。爱因斯坦假设在局部范围内加速度和引力是等效的，如图 10 所示。这里的"局部"是指一个区域足够小，使得两个不同的点的引力差异无法被观测到。潮汐作用是一个反例。

图 10　火箭里的家伙将会飘起来（如果在一个没有明显引力的地方），或者他和火箭在一个引力场中做自由落体运动，就像空间站里的宇航员一样（左图）。如果他是在一枚加速运动的火箭上（中图），或者在一个引力场中静止不动（右图），他就无法觉察到二者之间的区别，除非他作弊（比如看看窗外）。

双生子佯谬★

我很清楚时间是什么……除非你让我解释它。

——希波的奥古斯丁（354—430）

（也许他更知名的身份是造酒人的守护者）

回到狭义相对论。在前面的章节中，我们假设了 $c=1$ 的情况，这时，如果有人观测一个静止的物体，将会算出其能量 $E=m$。如果这个物体相对于观测者以速度 v 匀速运动，那么测量结果就变成 $E=m\gamma$，其中 $\gamma=1/\sqrt{1-v^2}$。时间的测量也依赖速度，尽管测量者必须非常明确他们是如何进行测量的。

假设一个人已经把两个校正好的时钟放到实验室里，这两个时钟相对静止，并且相隔一定的距离。我们把它们测量的时间称为 t_{rest}。现在还有和这两个时钟一样的第三个时钟，它在实验室里相对于前两个时钟以速度 v 匀速运动。我们把它测量的时间记为 t_{mov}。当运动的时钟经过第一个静止的时钟时，它们的计时装置被触发了，也就是 $t_{rest}=t_{mov}=0$。当运动的时钟经过第二个静止的时钟时，这些时钟的停止键被按下。狭义相对论的预言是此时 $t_{mov}=t_{rest}/\gamma$。因为 $\gamma>1$，所以运动的时钟变慢了！

时间膨胀已经被人们用许多方法证实，时间的"相对性"也已经经过无数次观测的检验。例如，测量不稳定粒子的寿命。当它们相对于观测者运动时，它们运动得越快，衰变的速率就越慢，且精确地与 γ 关联。在飞机上利用精确的时钟所做的实验也证实了时间膨胀。全球定位卫星如果不知道这些，就会给你发送错误的信息。这没有什么争议。

更有意思的是，一个时钟飞过第一个静止的时钟后（当它们被设定为 $t_{rest}=t_{mov}=0$）还是保持原来的速度不变，但是运动方向改变了（比如做圆周运动），然后又回到了第一个时钟所在的位置。如果在实验室里沿着这个圆周布满了时钟，我就能测量运动的时钟在它的轨迹上经过微小的移动后所记录的时间是如何以 $1/\gamma$ 的速率变慢的，当然是和静止的时钟相比。把所有这些微小的变化加起来，我就能预言与以前一样的结果：回来的时间变为原来的 $1/\gamma$。预言是正确的。这导致了图 11 中的双生子佯谬。

为什么会有佯谬？看一看图 11 的注释，无疑你会注意到我似乎又作弊了一次。我说双胞胎中的女孩比男孩老得快。为什么我不说在那位男孩看来，那位女士转了一圈之后又回来了？在他看来，当他们重逢时，不应该是她更年轻吗？两个相悖的结论!

双生子佯谬表明时间旅行是可能的，但是只能来到其他人（比如我的妹妹）的未来。这也许让人觉得自相矛盾，但这是我们宇宙的一个特点。我们如此自信地阐述它的理由很简单：双生子佯谬的实验证明了它。详细的描述需要用到后面的一些章节介绍的概念：μ 介子和维持它们在一个闭环中的环形磁场。所以，我们将会在第 16 章中再回来证明这一点。那时我们将会看到双生子的故事包含着一个深刻的理论，它是一个美妙的思想实验，也是真实的，而且具有坚实的基础。

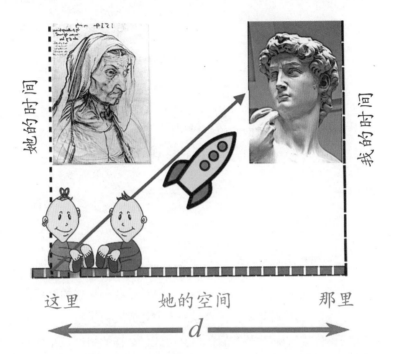

图 11　在出生后不久，我就与我的双胞胎妹妹分开了，并且是以"相对论性"的速度（$v^2/c^2=8/9$）分开的。在她年满 60 岁的时候，我还只有 20 岁，因为 $\sqrt{1-8/9}=1/3$。我以圆周运动的方式走完了距离 d（就像粒子回旋加速器一样），在她 60 岁和我 20 岁的时候，我们还能见面并一起庆祝我们的生日。双胞胎由马克斯·皮克斯绘制，《母亲肖像》由阿尔布雷特·丢勒（1471—1528）创作，《米开朗基罗的大卫》由约尔格·比特纳·昂纳拍摄。

第 6 章
一次快速的宇宙旅行

　　为了进一步讨论，假设你偶然路过我们的宇宙，像图 12 那样，你所了解的所有东西（包括自然法则）都完全不一样了。纵情于这种形式的旅行需要无法想象的技术，显然你是那种对科学充满兴趣的人。在弄明白了我们宇宙中的"这是什么"并理解了"它们如何运转"后，你会得到什么样的结论？在我们尝试认真回答这个问题（就我们今天暂时拥有的满意答案而言）之前，让我们简单地看一下在我们的宇宙里"谁是谁"以及"什么是什么"。

图 12　卡米尔·弗拉马里翁引用了一位佚名画家的版画，画中，某人试图走出我们的宇宙，而另一个人来自另一个宇宙。卡米尔·弗拉马里翁，《大气层：大众气象学》，巴黎，1888 年，第 163 页。

宇宙背景辐射

从遥远的深空开始，你（外星旅行者）觉得自己好像掉到了一个炉子里；从某种意义上说，是在一个微波炉中，那里的光波非常冷，因为它的温度相当于 2.73 开[①]。你很快将会遇到的人类的温度要高得多，大约为 309 开。你探测到的微波是电磁辐射，它们像可见光，但是波长更长。

这些微波均匀地弥散在整个宇宙中，它们由每个点上向各个方向传播的光子组成，被称为宇宙背景辐射（CBR）。我们（利用足够多的天线）探测到了它们在到达我们之前经过了许多"前景"（就是离我们更近的物质），其中包括几千亿个星系。这当中有我们所在的星系——银河系。一旦你能剔除掉这些"前景"的影响（比如使用宽频接收器），你就能看到所接收到的这些宇宙背景辐射发出的地方。这就像在一个"天穹"的内部（见图 13），这些微波花了 134 亿年的时间来到你的身边。

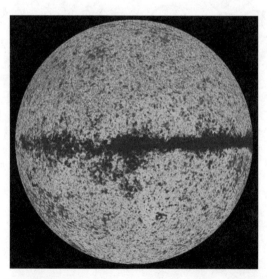

图 13　宇宙背景辐射从这个"天穹"来到我们这里。红色的条纹是来自银河系的辐射，是一种"前景"辐射。中间指向银河系中心，其余部分对应于其他各个方向。图片版权归 NASA 所有。

[①] 绝对零度（0 开）是零下 273.15 摄氏度。在这个温度下，原子的热运动达到了最小。

我们将在后面仔细讨论宇宙背景辐射，它们在过去非常热，就像太阳的表面一样。它们现在的温度是 2.73 开，时常称为宇宙微波背景（CMB），也称为微波背景辐射（MWBR）。

观察一个遥远的物体就是在看它过去的样子，因为光从它"那里"到你"这里"需要时间。例如，我们看日落的时候，太阳实际上在 8 分钟之前就已经落到地平线之下了（太阳和地球之间的距离大概是 8 光分）。光速是如此之快，我们的日常经验是"探测"不出时间差异的，就像我们听到的回声那样。举个例子，假设在瑞士的日内瓦，我请许多爱热闹的意大利朋友在某一天的同一时刻大声喊"你好"，如图 14 中左侧那样。因为声音的传播速度是 1200 千米 / 小时，而这些人相互间隔 200 千米。我将会听到他们喊"你好"的声音越来越小，间隔是 10 分钟（200/1200＝1/6，1 小时的 1/6 是 10 分钟）。

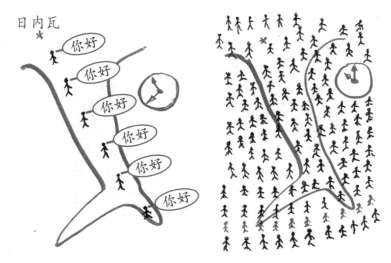

图 14　我的多位意大利朋友在同时喊"你好"。

但是我碰巧有非常多的意大利朋友，现在我把他们安排到图 14 中的右侧。在他们同时大喊之后的某个时刻，我同时听到了用红色标记的朋友的声音。如果我让其他欧洲的朋友也加入这个游戏中来，图中红色的家伙们就会占据整整一个圆形区域。这个圆就是在二维空间里声音传播相等距离所形成的一个圈（我把一些朋友放在了地面上和地面下，同样类似的方式将会补全所有的情况）。

10 分钟后，这个圈的半径增大了 200 千米。这个天穹的类比并不完整，它的边界不是很明显，更像橘子皮。我们发现它在膨胀。的确，未来宇宙背景辐射将会从比现在更遥远的地方到达我们这里，那是一个我们现在还没有见过的地方。

物质的构成

无论大小，你所能看到的东西都比天穹上的宇宙背景辐射距离我们更近。宇宙中的所有东西似乎都是以一种简单的方式组织在一起的（见图 15），在所有尺度上都有或多或少的粒子受到力的作用。第一眼看到这些东西时，我们先看看它们的名字，而并不需要理解这些名字的确切含义。我们希望像小孩一样一点点地理解这些名字的含义，不需要特别费力。

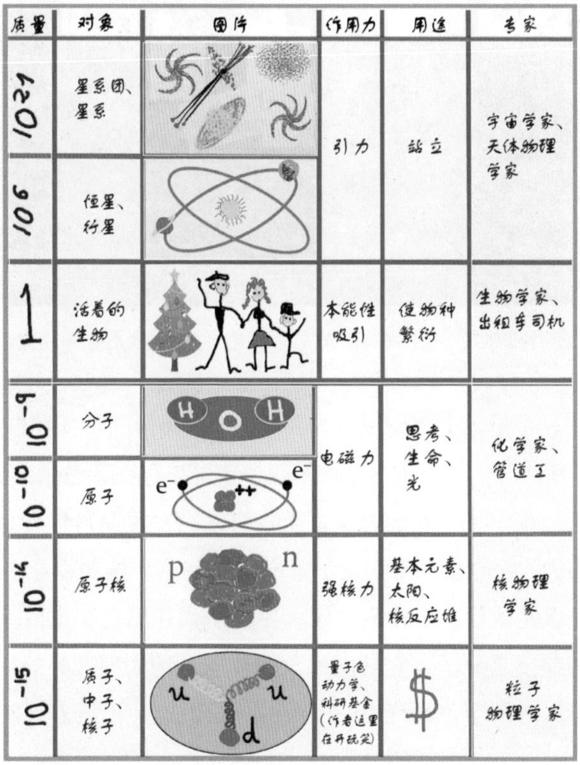

图 15 所有由"普通"物质构成的东西，其质量标在最左侧。这里列出了已知的 4 种基本力中的 3 种（在稳定物质方面，弱核力并不起什么作用）。强核力将核子中的质子和中子束缚在一起，这是夸克之间更基本的量子色动力学作用所导致的结果。类似地，原子之间的化学键是由电子与核子之间的量子电动力学作用的外围效果所引起的。

从最大的物体到最小的物体，让我们看看都有什么[1]。星系团（我们能见到的最大的由稳定材料构成的物体）由星系组成，一般包含几千个星系。一个特别大的星系，就像图16所展示的我们的邻居一样，由几千亿颗恒星组成。大部分恒星的周围都有行星。在这张照片中，所有东西或多或少都是由引力稳定地维持在一起的，这也是让读者在从椅子上站起来时不会撞到天花板的力。研究这些大个头的专家有宇宙学家、天体物理学家和天文学家。

图16 我们的邻居M31——仙女星系。图片版权归亚当·埃文斯所有。

生命至少在一个星球上繁荣过。科学上没有任何可信的理由来假设地球是宇宙中的特例，只有这里才存在生命，或者进一步说是存在智慧生命[2]。把"生命单位"简单、稳定地聚集到一起的力量，至少对动物来说是群体和生殖的天性。这些不是基本作用力，因此也不是物理学家们的兴趣点。按照专业水平来排序，"生命力量"专家依次是政治家、社会学家、生物学家和出租车司机。

更低一级的粒子是分子，它是由原子构成的。用大家熟悉的化学式来说，一个水分子（H_2O）由两个氢原子和一个氧原子构成。原子这个名字虽然不好听

---

[1] 对于知识比较丰富的读者我需要说明一点，这里的"看看"指的是直接看见，暂时忘掉"暗"物质。

[2] 定义一个科学论断需要给出一个在观测上能证伪的点。至少在我们探测宇宙中的所有行星之前，或者一些像E.T.一样友好的外星人来访之前，这可以反驳所有对这一点持不同意见的观点。

（在希腊语中意为"不可分割的"），但它是有内部结构的。例如，氦原子由两个带负电荷的电子围绕在带两个正电荷的原子核周围而构成 ①。电子的电荷量被定义为 −1。固体、液体分子和原子是由它们之间的电磁力束缚在一起的。自然界中日常尺度的多样性最终都是电磁力作用的结果，相对应的专家有凝聚态物理学家、原子物理学家、化学家和管道工等。

从定义上讲，一个基本粒子是一个不可再分割的物体，至少在说话的这一刻就科学的发展来说是这样的。今天来看，电子是基本粒子，就像原子曾经被认为的那样。电子的大小为原子的十亿分之一。

原子核不是基本粒子，它由质子和中子构成，见图 17。这两种粒子由两种夸克（上夸克和下夸克，分别记作 u 和 d）组成。在任何几何意义下，这些粒子都没有"上"或"下"的意思。但是，u 的电荷量是 +2/3，相比于 d 的 −1/3 是"向上的"。一个质子（p）的电荷量是 +1，因为它由两个上夸克和一个下夸克组成，可表示为 p=uud。中子是中性的，可表示为 n=udd。这里，我假设电荷的相加就像数字相加一样。不过，我还没有告诉读者电荷到底是什么。夸克，像电子一样，迄今为止我们认为它们是基本粒子。

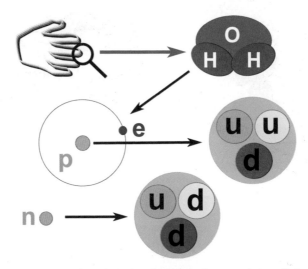

图 17　你的手主要由水（H_2O）构成。氢由一个质子和一个电子构成。质子和中子由夸克构成，电子和夸克是基本粒子。最常见的氧元素的核子（及其同位素）包含 8 个质子和 8 个中子。化学元素的同位素有同样数量的质子，但是中子数不同。

---

① 我们都知道异性电荷相吸，它们能吸引到一起。

科学家们曾经使用希腊语或神话人物的名字来命名他们的假设或发现，如电子、质子、原子、氧、氦以及行星的名字等。今天的倾向是借用日常生活中的词汇，结果常常引起混淆，而且显得人们并不是很有品位。有一个例子：描述夸克之间的作用力时用到了"胶"或"颜色"，尽管这些"颜色"与光的颜色没有一点关系。还有两个更高大上的名字：色动力学作用和强相互作用[①]。

组成任何物质（小至原子，大至巨大的恒星，抑或最常见的美味苹果派）的成分都是上夸克、下夸克和电子，见图17。为了使这些"原材料"待在一起，所有东西都需要色动力学作用、电磁相互作用和引力相互作用（对于所有大个头的物体，如行星和恒星）。

图15对"普通"物质进行了总结[②]，其中有一列展示了不同物质的用途。夸克和束缚它的力没有特别具体的应用。这也是为什么一些科学的反对者说夸克的唯一用途就是浪费金钱为粒子物理学家发工资。但知识是无价的，而理解自然如何运转的能力，是在诸多方面少数能让（部分）人类与猴子区分开来的标志，见图18。

图18　符号"≠"表示"不等价"。在某种意义上，人类和猴子不等价。

事物的大小

基本粒子（如光子、电子和夸克）没有大小。最小的物体是那些由夸克组成

---

① "强"曾经用来表示原子核内质子和中子之间的作用力，而不是基本的作用力。

② 还有一种暗物质，我们会在后面进行讨论。

的物体，如质子。最大的物体是可观测宇宙（天穹），它的半径大概是 10^{28} 厘米。最大和最小物体半径的几何平均数① 大约是 10^8 厘米，或者说是 1000 千米。

描述出所有物体的相对大小并不容易。有一个相对容易的方法，例如在说原子的大小是 10^{-8} 厘米时，可以将其简单地写成"−8"②。图 19 列出了不同物体的大小，以厘米为单位。

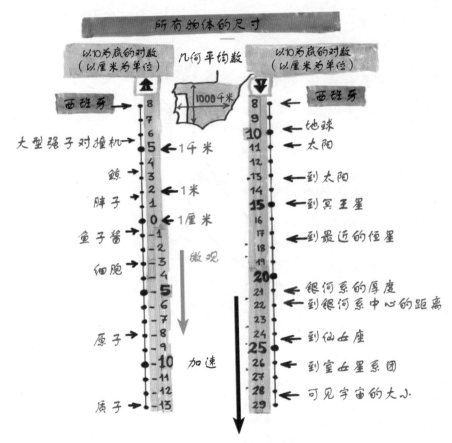

图 19　所有物体的尺寸都以厘米为单位，且取对数值。位于日内瓦附近的 CERN 的大型强子对撞机（LHC）的半径是 7 千米，用于制作鱼子酱的一粒鱼卵的直径为几毫米。西班牙东西方向的最大宽度是所有物体的几何平均数（或者说对数平均数）。

---

① 几何均值或者几何平均数是指两个数 x 和 y 的乘积的平方根，即 $\sqrt{xy}$。

② 这种形式称为以 10 为底的对数，定义是 $\log_{10}(10^n) = n$。

我们似乎生活在一个小宇宙中，令人惊讶的大物体就是星系。和它们相比，宇宙只大了"一点点"。图 20 给出了形象化的表示，所选择的"米尺"是银河系，它的大小可以用面值为 5 瑞士法郎的硬币[①]来表示。这个选择很诱人，瑞士法郎是相对稳定的标准，就像官方使用的非常好和古老的铂铱米尺。

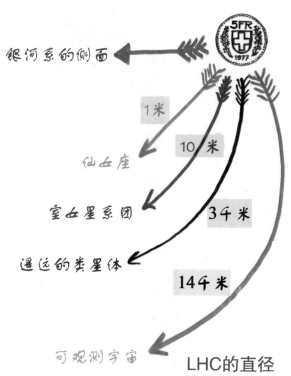

图 20 大距离：我们的银河系用一枚面值为 5 瑞士法郎的硬币表示。一个类星体是一个巨型黑洞，即使与我们相隔遥远的距离也可以看见，原因是它在吞噬寄主星系中心区域的物质时会发出很亮的光。室女星系团是我们所在的星系团。银河系和可观测宇宙的大小之比相当于一枚硬币和 LHC 的大小之比。

---

① 它的直径是 3.145 厘米，也许不需要这么精确。

第一个额外角色：中微子

两种夸克和电子（u、d 和 e）是所有可见物质（从氢原子到星系团）的组成原料——这句话并不完整，也没有回答"物质如何运作"这个问题。

核辐射过程的一个例子是 n → pev，即一个中子（n）变成了质子（p）、电子（e）和一个中微子（v）。更严格地说，中子里的一个下夸克衰变成了上夸克（d → uev），最终成了质子的组分。这个过程叫作"弱衰变"，由一种我们以前并未提及的相互作用引起，即弱相互作用。

中微子不带电荷；不像电子，它不受原子核束缚。尽管最终它对物质的构成来说是"无用的"，但它在我们的日常生活中扮演了重要角色。事实上，在太阳的一系列"燃烧"反应中，最主要的一个在本质上就是中子衰变的"逆变换"：两个质子和一个电子变成一个氘原子核和一个中微子，即 epp → (pn) v。因此，太阳需要中微子，而所有形式的生命最终都由太阳光来提供能量。

中微子只"遭受"两种类型的相互作用：引力和弱相互作用。因此，中微子在一般情况下极具穿透力，几乎像幽灵一样。举个例子，图 21 对一束能量为 1 吉电子伏的中微子束（静止能量大约相当于一个质子具有的能量[①]）和一束具有同样能量的光子进行了比较。不同能量的光子有不同的名字，在 1 吉电子伏水平上，它们是伽马射线，而微波、射电波、红外线、可见光、紫外线以及 X 射线更广为人知。若想吸收这束伽马射线的 50%，则只需要 3 厘米厚的一层水，而吸收中微子则需要非常大的一个游泳池，正如图 21 中所解释的。

经过几十年的努力，难以捉摸的中微子束在粒子加速器中被制造出来了。这种机器我们后面会提到。这些粒子束指向探测器，然而只有与产生的粒子相互作用的极少一部分中微子才容易被观测到。我们关于中微子的知识是从对这些相互作用的分析中间接得到的。在 CERN，制造一束中微子需要穿过两三个探测器，然后两次横穿法国的侏罗山脉，见图 22。当地的农民抱怨所有能想象到的东西，除了可以完全忽略的中微子的影响。

[①] 1 电子伏是一个电子从静止加速到具有 1 伏电势差时所具有的能量，1 千电子伏、1 兆电子伏、1 吉电子伏和 1 太电子伏分别等于 10^3 电子伏、10^6 电子伏、10^9 电子伏和 10^{12} 电子伏。

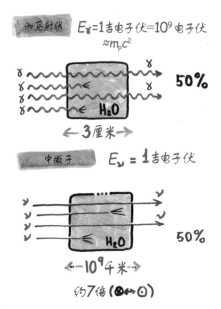

图 21 一束能量为 1 吉电子伏的伽马射线的一半会被一层厚度为 3 厘米的水吸收掉。对于中微子来说，需要一个游泳池，这个游泳池的大小是地球（⊗）到太阳（☉）距离的 7 倍。

图 22 一束像幽灵一样的中微子束穿过中微子探测器，然后两次穿过侏罗山脉，最后消失在空中。

让队员的数量加倍：一个关于反物质的小插曲

量子力学和相对论（我们还会回来继续探讨这两个话题）是 20 世纪早期物理学的两场伟大革命。1928 年，保罗·狄拉克，一位极其沉默寡言的英国人，研究了电子如何遵循这两种理论。阴差阳错，他无意中发现了正确的答案：可能仅仅是电子有一个带相反电荷的反物质对映体。狄拉克假设那是质子，后来他很快意识到正电子（电子的反物质兄弟）必须和电子有同样的质量，而质子的质量大约是电子质量的 1836 倍。正电子在 1932 年被卡尔·安德森发现，它的确和电子具有同样的质量（当前的精度达到了 $1/10^8$）。

电子的存在需要正电子，夸克的存在也需要反夸克。反物质包括反质子、反核子、反原子……中微子不带电荷，但是它有"弱"荷，这意味着肯定有两类不同的中微子：v 和 $\bar{v}$ [1]。

光子既不带电荷，也没有反物质。当一个正电子和一个电子相遇时，它们将湮灭成 2 个或 3 个光子，就像图 23 中的费曼图那样。当前在 CERN 这种地方，反原子也时常被制造出来，特别是反氢，它由反质子和正电子组成。和普通物质（例如氢）相反，反氢也会湮灭。在这个过程中，能量是守恒的，所以两倍的氢的静止能量被转化成湮灭的产物。

图 23　理查德·费曼和他的鼓。在灰色区域中，电子和正电子的湮灭产生了 2 个或 3 个光子（波浪线）。竖直黑线交换的粒子是正电子还是电子，取决于整个过程的时间顺序。

在电子和正电子湮灭成光子的过程中，最初的电荷加起来为零，所以最终光子呈电中性。在这个例子中，电荷是守恒的。这是自然界不可侵犯的法则。

[1] 我们并不知道物质和反物质的关系对中微子来说是否同样适用，这将在第 31 章中进行讨论。

不存在反物质矿，而反物质也不是那么有用，因为制造它们所消耗的能量与它们能释放的能量一样多，理想情况下效率为 100%。此外，由于显然的原因，反物质极难存放。这对由 CERN 激发的小说家的科幻灵感来说太可惜了。

一个基本粒子有多么基本

有个观点说基本粒子非常难理解，因为这个课题极其复杂，比专业品酒还要可怕。但是，不像极品葡萄酒，基本粒子是很难被区分的…… 因为它们异常简单。例如，一个电子只有 4 个基本特征①，见图 24（其中的含义见上下文）。像汤姆森和汤普森（在赫奇的最初版本中是杜邦和迪蓬），图 25 中的人物甚至都不是兄弟。他们长得不一样，比如胡子。而两个有同样名字的基本粒子（比如说两个电子）是完全一样的，而且原则上和实际上都是绝对无法区分的。没有秃头或多发、年轻或年老的电子。相对于我们日常碰到的宏观物体而言，也许这是粒子最不为人知的特点。

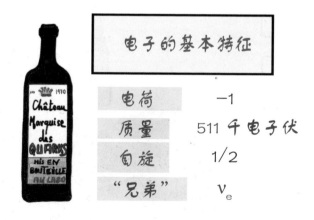

图 24　电子的 4 个基本特征：电荷、质量、自旋和一个"兄弟"ν_e（这个电子的中微子，在文中有介绍）。完整地讲述一瓶好酒大概需要多一点的内容。

---

① 另一个特征——磁偶极动量是可以从基本特征计算出来的，它是当电子表现得像一个微小的磁体时的动量，将在第 13 章进行讨论。

图 25　两个相似的人物，他们的胡子有点不一样。

第7章
基本作用力及其"携带者"

我们曾经提到过 4 种已知的基本作用力（或称相互作用）：电磁力、引力、强核力和弱核力。它们都是什么？

电磁力

氢（H）原子是最简单的原子，由质子和电子相互束缚在一起组成，即 H=(e, p)。把它们联系在一起的是其间相反电荷的吸引力：+1 和 −1 分别是质子和电子所具有的电荷量。这种吸引不是什么神秘的超距作用，它在两个粒子间的传递需要时间，见图 26。粒子之间的这种束缚作用由另一种基本粒子——光子扮演。

图 26　两个球手（或者电子 e）之间的相互作用是通过交换球（或者光子）来实现的。

电荷是允许物体发射和吸收光子的一种特性，最简单的电磁力是通过带电粒子发射或吸收光子产生的。光子在带电粒子之间的交换产生了电磁力，光子就是力的携带者。许多相关的概念描述了电磁力，最简单直接的是带电粒子及其"耦合"（发射或吸收）光子的具体方式[1]。向一位合格的物理学家具体描述这些特征，他就可以推导出原子、物质、手机等的所有特征。最终，电荷的"大小"描述了它耦合光子的强度。

我还没有介绍电荷的相对大小和实际大小。为什么说一个电子的电荷量是 −1 ？这里的意思是它与一个质子所带的电荷大小相等，极性相反。说一个上夸克的电荷量为 2/3 的意思是它的电荷量是一个质子所带电荷量的 2/3。这些都不是电荷量的实际"大小"。电子和质子的电荷量在自然单位制下约是 0.3（区别在于正负）。你不会看到这样写的情况，物理学家倾向于使用他们实际测量的值 $\alpha = e^2/(4\pi)$。这个式子的计算结果大约是 1/137，你可以核对一下。这意味着 $e \approx 0.30286$。要打开物理学家的保险柜，试试 137。这是我们最应该记住的数字。

相对于所谓的基态，氢也会短暂处于能量更高的激发态。原子可以从一个激发态跃迁到一个能级稍微低一点的激发态（或者基态）而发射出一个光子，见图 27。原子在激发态时的质量比低能态时大一点。在这个过程中，发射的光子是一个可以快乐飞翔的粒子，就像其他任何稳定的粒子一样。因此，光子可以表现为力或一个粒子。这是一种双面性。这"挽救"了一些基本概念，比如"以一个代价"理解两件事情称为"统一"。"统一"是最激进的科学发展之一，一个奥卡姆式的愉悦。

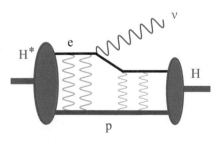

图 27　氢原子从激发态跃迁到基态，发射一个光子。光子是联结带有相反电荷的电子和质子的纽带。H* 和 H 表示氢原子的两个能级。

---

[1] 对于纯粹主义者，我应该说光子是由量子场来描述的，其本源是电磁流，具体不仅可能包含电荷，而且包括电偶极矩和磁矩。

量子力学的一个神奇特点是，在我们所在的这个宇宙中，光子像其他所有粒子一样，可以有独立的行为（严格地说是粒子行为），或者像波一样。波的定义特征是它们可以叠加或相减。两块石头掉进池塘里，会各自产生一圈圈不断扩大的波纹。当两块石头激发的波相遇时，它们会形成特定的干涉图样，波峰和波谷（如果两块石头是一样的）会是独立水波的两倍大小。

波粒二象性是另一个基本的"统一"。即使一个独立的光子也能同时表现为粒子（沿着直线传播）和波（运动轨迹不是直线）。这非常奇怪，我们还会回来讨论这一点。电子以及其他物体也具有波或者粒子的特性。爱因斯坦首先认清了光子的本质，这也是他获得诺贝尔奖的原因。电和磁是一个事物的两个基本方面：磁是电荷运动的一种效应，在此期间也发射光子。还有另外一个"统一"的例子：大自然在选择基本实体方面的确很"悲剧"。

光子和电子（以及其他粒子）之间相互作用的理论现在称为量子电动力学（QED）。从预测的精确性进行评判，它是迄今为止最成功的物理理论。例如，它所预言的电子磁矩值和实验吻合的精度好于 $1/10^{12}$，我们将在第 13 章中进行具体说明。

其他基本作用力可以和电磁力进行类比。也就是说，它们也交换粒子。

引力与惯性质量和引力质量

我们最熟悉的（通常也是最讨厌的）力是引力。即使你躺在一个黑暗的房间里，你也知道哪里是"上"。这个屋子里充满了一种你不能闻到、听到、尝到、摸到和看到的东西，但是你肯定注意到它了，这就是地球的引力。它把你按在床上，使月球保持在它的轨道上。你也可以待在"上面"的轨道上，像月球或宇航员那样，以足够快的"轨道速度"运动。

对于非相对论性的物体，它们的相对速度比光速小很多，就像地球和月亮，或者你自己。当你在散步的时候，引力的"荷"（类比于电荷）就是质量。携带引力的粒子称为引力子。

对于速度相对于光速不可忽略的物体，引力"荷"或"源"的角色是能动张量，即图 1 中的 $T_{\mu\nu}$。对于一个不转动的粒子或恒星，这个量仅仅就是它的能量、动量和位置的具体函数。当这个物体静止时，$T_{\mu\nu}$ 就是它的位置和惯性质量的函数，这是我们在第 4 章第一部分所"发现"的。引力质量的概念没有一个独立的意义，引力和惯性质量是一回事，至少在爱因斯坦的引力理论被证明是错误的之前是这样。当说某物"更重"的时候，也意味着"质量更大"是有道理的。

　　引力是我们理解得最少的力，尽管它是我们最早开始理解的力。"我们"这里专指艾萨克·牛顿、读者和我，见图 28。从实验的观点来看，这是由于引力非常弱这一事实，因此以当前的技术水平来说，观测发射或吸收单个引力子根本不可能。我们还没有说明自旋是什么意思，我可以神秘地说这个引力子的"大"自旋（自旋值为 2）使得创立一个自洽的引力量子理论比电磁力难多了（光子的自旋仅仅是 1）。引力子还没有被独立地探测到，而引力波已经被探测到了。我们将在第 18 章和第 19 章详细讨论快速绕转的两个中子星或黑洞将并合成一个。像电子在射电天线里谐振发出电磁波一样，这些物体也发射引力波，如图 1 中的方程所预言的那样。

图 28　牛顿第三定律表明，作用力和反作用力的大小相等而方向相反（上图）。可疑的苹果导致牛顿发现了力、质量和加速度之间的关系（牛顿第二定律，$F=Ma$，中图）以及两个物体之间的引力表达式（由它们的质量和它们之间的距离给出，下图）。和图 1 一样，G 是万有引力常数。

弱核力

　　核子中的一个中子可以衰变成一个质子、一个电子和一个反中微子，见图 29（a）。这里我采用了惯例，这是一个反中微子，用带横线的符号 $\bar{\nu}$ 表示。如果更"深入"地看这个过程，我们就会发现它是一个下夸克的衰变过程 $d \rightarrow ue\bar{\nu}$，见图 29（b）。我们通过更加细致的分析发现，在这个过程中存在一个带电的中间玻色子，称为 W^-，见图 29（c）。这个玻色子和它的反粒子 W^+ 是弱核力的携带者。之所以称其为弱核力，是因为在一般环境下它比电磁力要小得多。

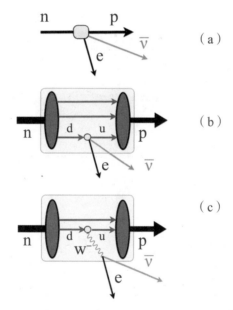

图 29　通过逐渐提高"分辨率"来看中子的衰变。

　　我们所见过的一个被中间玻色子联结的过程导致了太阳中的一个活动，由此影响了葡萄的生长，最终导致酒鬼的出现。然而，"W"在这些玻色子中表示"弱"（weak），而不是"酒鬼"（wino）。这并不是我的一个愚蠢的笑话，因为有一种假想的叫作 Wino 的粒子在某个语义下没有被发现[①]。

---

① Wino 是 W 的"超对称对应粒子"。超对称是一套优雅而未被证实的假设，它说的是每种已知的粒子都有一个未被发现的更重的"超级搭档"。

此外，还存在另一种弱中间玻色子，它呈电中性，记作 Z 或 Z^0。作为一种中性基本粒子，它类似于光子，没有反粒子。弱中间玻色子及其相互作用的方式，与夸克、电子和中微子之间的作用，在它们被发现之前已被预测到。我们将很快讨论电磁力和弱核力的统一。

强核力

自然界中第四种已知的基本力是强核力，它是束缚夸克形成质子和中子的原因。它有很多不同的名字，从幼稚的胶质到老练的量子色动力学（QCD）作用，还有强相互作用。

下面对 QCD 和 QED 进行比较。QCD 作用的携带者是粒子，类似于光子，被称为胶子。QED 中电荷所扮演的角色在 QCD 中由某种让人困惑的、称为颜色的东西所扮演。"色荷"，或者称为颜色，也是绝对守恒的。每种夸克可以有 3 种不同的颜色。例如，有 3 种上夸克，它们的颜色可以被任意地称为红色、蓝色和黄色。电荷相加就像数字相加一样。例如，一个中子由一个带 2/3 电荷的上夸克和两个带 −1/3 电荷的下夸克组成。中子的电荷量 $Q[n]$ 是零，见图 30。

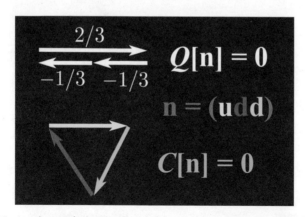

图 30　中子里夸克的电荷加起来为零，因此中子是电中性的。夸克的 3 种颜色相加类似于平面上的矢量相加（有不同颜色的三角形的 3 条边）。中子呈"颜色中性"，也呈电中性。

这里引用的图看起来不那么明显。在一个平面上，我们还可以使某物通过在一个三角形的 3 条边上运动来回到出发点（零移动），就像图 30 中所描述的。色荷相加也采用类似的方式，中子或质子（由 3 种颜色的夸克组成）也呈"颜色中性"，它们的颜色为 $C[n]=C[p]=0$。

质子和中子属于同一类粒子，它们由 3 个夸克组成，叫作重子（baryon，来自希腊语，意为"重"），见图 31。还有一种束缚态由一个夸克和一个反夸克组成，叫作介子（meson，来自希腊语，意为"不那么重"）。在介子中，派介子有 3 种。π^+ 由一个上夸克和一个反下夸克组成，$\pi^+=(u\bar{d})$。π^- 是 π^+ 的反粒子，$\pi^-=(\bar{u}d)$。最后，π^0 由等量的 $u\bar{u}$ 和 $\bar{d}d$ 组成。

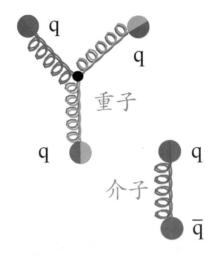

图 31　重子像质子，由 3 个夸克组成，夸克记作 q。介子像 π 介子，由一个夸克和一个反夸克组成，反夸克记作 q̄。它们都是由胶子"粘"到一起的。颜色标记的含义：当一个夸克发射一个胶子时就改变颜色，所以颜色是"守恒的"。夸克和胶子之间的相互作用见图 32。

QCD 色荷的特殊行为的数学实现导致了让人吃惊的结果。一个 QED 的光子是没有电荷的。当发射或吸收光子时，电子保持它的电荷不变。在这一点上，QED 和 QCD 不一样。一个蓝夸克可能通过发射一个"蓝反"胶子变成一个红夸克，如图 32 上部所示。胶子有颜色，也可能发射或吸收其他胶子，如图 32 中间部分所示。这种现象在 QED 中是没有的，因为中子呈电中性。在图 32 下部，一对胶子也能与另一对胶子耦合。这会怎样呢？

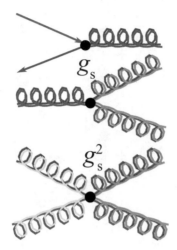

图 32 一个颜色为 R 的夸克发射了一个胶子（由 R 颜色和反 R 颜色组成），变成了另一种颜色 B（上图）。类似地，一种颜色的胶子可以通过发射一个胶子变成另一种不同颜色的胶子（中图）。非常确切地说，夸克和胶子具有同样的色荷（g_s）。色荷用于描述粒子间强相互作用的大小。还有一种"四胶子耦合"方式，它与 g_s^2 正相关（下图）。

夸克和胶子的禁闭

夸克和胶子在观测上是禁闭的，也就是说还没有（正确的）实验能探测到自由的夸克和胶子。一个自由的夸克（反夸克）具有极度清晰的特征：一个"分数"电荷，其大小为 2/3 或 −1/3（−2/3 或 1/3）。其他所有已知粒子所带的电荷量都不是分数，例如电子和质子的电荷量分别是 −1 和 +1。

在诸多寻找自由夸克的实验中，也许最开始的一个是由彼得·弗兰肯所做的，该实验基于对牡蛎的分析完成。据说，牡蛎的肝脏是所有器官里最好的过滤器。每天它要处理其自身质量几千倍的水。这样，在牡蛎不断生长的壳里会聚集各种类型的奇怪物质。一个包含额外夸克的原子或分子具有分数电荷，将会发生奇怪的化学反应。这大概将会被牡蛎的肝脏捕捉到。可惜，实验者没有找到任何夸克。但是在处理每天所研究的一桶牡蛎的过程中，他们的体重大概增加了不少。

有两点可以说明氢原子是由质子和电子组成的。第一点是这个"模型"比较好地描述了氢的能态以及它们之间的跃迁，如图 27 所示。这可以 90% 地确定。但是还有第二个理由，可以说 101% 地确定。如果像图 33 所示的那样，你用能量足够大的光子来撞击氢原子，它就会裂变成一个质子和一个电子。

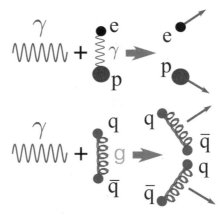

图 33 如果你用高能光子去撞击氢原子，它就会裂变成小块：
一个电子（e）和一个质子（p）。如果你试图击碎一个由夸克和
反夸克组成的介子，那么它不会分裂成夸克和反夸克，而是产
生一对介子。夸克不能孤立存在，它们是禁闭的。

重子由 3 个夸克组成，介子由一个夸克和一个反夸克组成。这些束缚系统的
不同能态与观测结果紧密吻合。试着击碎一个介子得到它的组成物质，见图 33。
光子的能量部分转移到了束缚夸克的胶子上，结果就是产生了夸克／反夸克
对。最后得到两个介子，而不是一个夸克和一个反夸克。有些东西是由碎片组成的，
但是当你把它们打碎时，它们不会变成碎片。简单地说，自然界中这个迷人的事
实经常被叫作夸克禁闭，尽管胶子也被禁闭。

迄今为止，我们都假设电子的电荷是一个固定的值。在某种意义上，这不完
全正确。如果我们越来越近地观察电子，它的"有效"电荷就会增加①。胶子具
有颜色并能互相直接作用的事实使"有效"电荷与色荷存在巨大的差别，后者随
距离的缩短而变小。QCD 的这个理论预言称为渐近自由。对于同样的事物还有
另一种浅显的说法，束缚无颜色粒子内的有颜色粒子之间的力可以随着它们之
间距离的变大而无限增长。这也适用于介子里的夸克／反夸克对，还有重子里的
3 个夸克。这看起来似乎是夸克禁闭的理论证明，但不是。

随着分开夸克的力变得越来越强，以 QCD 理论当前的发展水平来说，利用

---

① 两个距离为 r 的电子之间的相互作用力不是正比于 $1/r^2$（如果它们的电荷量的乘积是一个
常数，那么这种相互作用力就将正比于 $1/r^2$），其增大的速度比 r 减小的速度快 $1/r^2$。这就
是"有效"电荷的意义，结果就是它们之间的力的大小是变化的。

它来处理这些问题越来越困难。当相互作用力变强时,用来证明渐近自由的方法不再有效。因此,对于"QCD 禁闭",没有一个完全清晰且令人满意的证明。目前,有 100 万美元的悬赏等着发给第一个给出禁闭理论证明的人,前提是让评委会满意①。

我们在第 2 章中看到了发现者排名的问题多么让人生气,特别是当不同的人几乎同时得到相同的结论时。关于渐进自由的证明,戴维·波利策(那时他在哈佛大学)以及戴维·格罗斯和弗兰克·维尔切克(那时他们在普林斯顿大学)在 6 天内先后向《物理评论快报》投稿。这是一个关于荣誉竞争的例子,不仅是个人之间的竞争,而且是两所美国大学之间的竞争。图 34 展示了两所大学的盾形徽章。你猜对了,那时我在哈佛大学。格罗斯、波利策和维尔切克因"发现强相互作用理论中的渐近自由"而获得了 2004 年度诺贝尔奖。

图 34 哈佛大学和普林斯顿大学的盾形徽章。哈佛大学的口号显得雄心勃勃,而拉丁语专家告诉我普林斯顿大学徽章上文字的意思是"上帝来到普林斯顿"。前者最初的设计者未知(1644),当前的设计者是皮埃尔·拉·罗斯(1895)。

①《7 个千年问题》,剑桥克雷数学研究所,马萨诸塞州(CMI)。

第 8 章
迄今为止发现的所有基本粒子

　　是时候总结一下我们到现在为止所发现的基本粒子了，见图 35。这里将这些基本粒子分成了费米子和玻色子两大类，其中左侧的那一组更像物质的组成成分，而右侧的那一组的行为更像力。

费米子		玻色子	
上夸克	u	光子	γ
下夸克	d	胶子	g
电子	e	I.V.Bs	W,Z
中微子	ν	引力子	G

图 35　费米子和玻色子。I.V.Bs 表示中间矢量玻色子，是弱相互作用的携带者。水平线把夸克从轻子（电子和中微子）中分出。

　　自旋的确切含义我们不久就会讨论。现在，不那么精确地说，自旋是对一个物体如何"自转"的度量。在图 35 中，费米子的自旋是 1/2，所列出的玻色子的自旋为整数，几乎全都是 1，只有引力子的自旋是 2。电子和中微子属于一类没有颜色的粒子（不参与强相互作用）。它们称为轻子（lepton），lepton 来自希腊语，意为"质量轻"。为了进一步说明基本粒子和相互作用的名字的荒唐，我们很快就会遇到重轻子。这一次有个合理的名字——强子（hadron），hadron 也来自希腊语，意为"强大"。它是由参与强相互作用的夸克组成的粒子。

第 9 章
量子力学插曲

　　量子力学是无法改变的事实。就我们所知，在这个意义上，它是自然界基本运行机制的一部分。"量子"这个词描述了自然界的几个特点。其中一个特点是，类似于组成电磁辐射的光子这样的粒子可以分成一包一包的，一包叫作一个量子。这个洞见给爱因斯坦带来了诺贝尔奖。光子的能量 E 与辐射频率 v 相关：$E=hv$，其中 h 是普朗克常数。在自然单位制中，物理学家不仅使用 $c=1$，还有 $\hbar = \dfrac{h}{2\pi} = 1$。量子还指其他一些事实，比如原子的能级不是任意的，它是量子化的，不是连续的。也就是说，它不能出现中间值或任意值。

　　经典力学对自然的描述是"近似的"，其中的量子效应被忽略了。在大多数时候，这还是不错的。例如，行星围绕太阳转动的能级也是量子化的。但是，不像小得多的原子，两个相邻的行星轨道的能级差异非常小，相对于它们各自的值来说可以完全忽略[1]。

　　经典力学是决定性的，给定了一个粒子的位置和动量之后，就可以预言它未来的轨迹。量子力学却有一个内禀的不确定性，位置和动量（或速度）不能同时被任意精确地测量。这就是海森堡不确定性原理[2]，图 36 给出了解释。除了给出结果的相对概率，我们无法预测物体未来的轨迹。

---

[1] 量子态也受相互作用的内外因影响，丢掉了它们的"量子相干性"和本来面目。比如，行星会辐射和吸收光，并且它不在绝对的真空里运动，等等。可见，行星不是处在一个未被扰动的量子态上。

[2] 位置的不确定度 Δx 和动量的不确定度 Δp 的乘积不能小于 $\hbar/2$。

图 36　海森堡不确定性原理。一个物体的位置和动量不能同时以任意的精度确定。坐在汽车里的是年轻的沃纳·海森堡（1926）。图片来自维基百科，版权归弗里德里克·洪德所有。

双缝实验是验证量子力学不确定性的著名例子。在图 37 中，假设光源发出的光子到达一个不透明的屏幕，屏幕上有两条狭缝，它的后面有一个探测器，可以精确地记录每个光子到达的位置。如果光子的波长比狭缝的尺寸小得多，那么结果就是弹道式的，光子的行为就像子弹或经典的粒子，它们会沿着连续的直线轨迹由光源通过某个狭缝到达屏幕。探测器所捕捉到的光子如图中的蓝色区域所示。

如果光子的波长与狭缝的大小相当或者更长，它们的行为就像波一样。两条狭缝作为波的两个干涉源，结果探测器所捕捉到的光子如图中红色部分所示。来自光源的光波"通过了两条狭缝"。这并不令人惊讶，人们可以在浴缸里用水波做类似的实验。

接下来是令人震惊的奇迹，让人联想到那句带有禅意的格言：如果在路上发现了岔路，你就去选择吧！假设波浪状的长波光子从光源处一个一个地发射，可采用探测器记录它们到达的位置，探测器甚至还会嘀嘀作响并闪烁，让你知道哪里有一个光子到达了。单个光子也许能按预期通过某条狭缝，然后被记录在探测器上的某个位置（蓝色部分）。仔细看一看，这不是观测到的结果。实际上光子

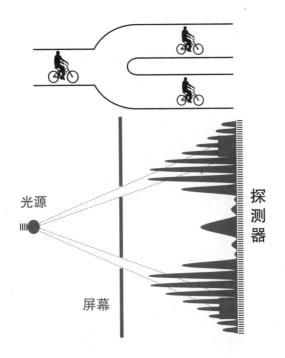

光源

探测器

屏幕

图 37 一条带有禅意的格言及其量子力学实现。光源发出的光照在一块有两条狭缝的屏幕上，短波光子形成蓝色图像，展示了探测器所接收的光子的数量及其位置。长波光子构成了红色的干涉图样。

到达的位置是红色部分。这个干涉图样表明每个单个光子都通过了两条狭缝[1]。人们无法预测具体某个光子到底到达了哪里，干涉图样是它们到达位置的概率分布。这是在量子力学里（也是事实上）我们所能预测的，而且这不是一个思想实验！

不仅仅是光子，电子、原子甚至很大的分子 [由 60 个碳原子组成的 C60（又称"巴基球"）] 都被观测到了同时通过两个距离大于它们个头的孔。当前的技术无法让人们把猫发射出去进行实验（并获得成功）。让猫听话可不容易，因此在这种条件下很难"准备"并使它们保持量子态——就像单个光子或分子那样。

---

[1] 更精确地说，是一个"波函数"或者单个光子的量子力学"路径""通过"了两条狭缝。

第 10 章
理解相对论和量子力学

为了真正理解一些东西，比如说网球、相对论或量子力学，你必须是一个实践者。这样，你的理解才能"深入到骨子里去"。一名网球职业选手告诉你："非常简单，就这样做……"没有什么比这个更烦人的了，我不会那样说。让人对相对论有深入骨子里的感受非常困难，因为我们缺乏速度达到或接近光速时的经验。在图 38 的左边，你会看到静止时的夏威夷摔跤选手艾克波波；而如果你以光速一半的速度从他的身边飞过，你就会看到他相对论式的转变，如图 38 的右侧所示[①]。面对这个家伙，你肯定想飞快地跑开。

图 38　静止的观测者和以高速经过的观测者看到的艾克波波（乔·拉·甘博拍摄）。

---

① 更确切地说，到达你眼睛里的速度有限的光使得艾克波波看起来不一样，这种效果与收缩相反。在一张移动的纸上盖章（同时在你的参照系里），你将得到一个收缩了的图案。

让人从骨子里理解量子力学更加困难，即使化学这门学科完全是建立在量子力学基础上的。再一次说明，问题在于我们"没有日常经验"。然而，也许让小孩来玩双缝实验比较容易，然后他们就会容易接受量子的不确定性这一观点。

第 11 章
自旋、统计学、超新星、中子星和黑洞

如图 39 所示，考虑两个质量均为 M 的球，它们位于垂直悬挂在天花板下的一根杆子的两端，并绕着垂线（也就是这根杆子）旋转。在理想情况下，两个球的质量远大于整套装置的其余部分。我们将看到，如果这两个球在系统旋转的过程中离得越来越远（L 增大），它们的旋转速度 v 就会下降。与芭蕾舞演员不同，我们用球可以很容易地发现一条新的"守恒定律"：角动量（$Mv \times L$）保持不变，即它是"守恒的"。

图 39　当将手脚伸开时，芭蕾舞演员会旋转得较慢。当两个球之间的距离 L 增大时也是如此，但是 v 与 L 的乘积不变（v 是球的旋转速度）。

角动量也有可能是离散的或量子化的。它的值可能是 $\hbar$ 的整数倍（0, 1, 2⋯）或半整数倍（1/2, 3/2, 5/2⋯）。因此，在自然单位制中，"固有"的角动量（自旋）可以取值为 0, 1/2, 1, 3/2, 2⋯角动量的"量子化"[1] 比那种敷衍了事的常见说

① 一位身材适中的芭蕾舞演员每秒转一圈的角动量大约为 $10^{34}\hbar$。增加或减少一个角动量量子（$\pm\hbar$）产生的效果都可以忽略。这就是量子力学没有被舞蹈演员发现的原因。

法（"绕自己旋转的量"）更好地揭示了自旋的定义。自旋决定了一个物体在转动时的表现方式。也就是说，要么你转动它并观察发生了什么，要么你让它原地不动，然后你一边看它一边自己朝反方向旋转。

基本粒子或复合粒子遵循且只遵循两种统计方式：不同的统计方式对应于它们不同的填充方式。如果你试图用光子装满一个盒子，那么你是不可能做到的，因为总有空间能装进更多的光子。更令人惊讶的是，添加（与以前的光子处于同一量子态的）光子的过程会随着光子数量的增加而变得越来越容易。这正是激光的原理。相反，如果往同样的盒子中装电子、中子或别的什么东西，那么你就不能让两个粒子或物体具有相同的能量和自旋状态，盒子会被"填满"，如图 40 所示。从根本上说，这正是像你和行星一样的物体成为"固体"以及引力没有使一颗恒星发生坍缩的原因。

图 40　粒子"统计学"：费米子无法像企鹅一样舒适地聚集在一起（上图），而幽灵一般的玻色子可以（下图）。企鹅照片来自 Flickr 网站，DocAC 摄影。空车厢照片来自 Pixabay 网站。

然而，在一些大质量恒星上，引力终将获胜。它们的中心或"核"由无法进一步填充的电子维持。但到了某一时点，这个存在了数百万年的核会在几分之一秒内坍缩。电子被质子"吞噬"，变成了中子和中微子（$ep \rightarrow nv$）。相互作用较弱的中微子很容易从恒星中逃逸。当剩下的中子被挤压成一颗中子星时，核的坍缩便终止了，现在由不会被轻松填充的中子支持着核的存在。对于一个质量非常大的恒星来说，即使中子也无法阻止核的进一步坍缩，结果它就成了一个黑洞。这是图 1 中爱因斯坦方程的一个可能的"解"。在这一连串过程中，母恒星核以外的物质被剧烈地抛出，其结果就是超新星爆发。我们在天空中能观察到它发出的明亮而短暂的光，这是一颗恒星的垂死挣扎[1]。必须承认的是，我们对其中的完整细节的了解尚不令人满意。

到目前为止，我在提到黑洞时都没有进行解释，这得益于它已变得家喻户晓的事实，至少在成为日常用语的意义上是如此。我第一次看到这个概念是在佚名的恐怖儿童故事书《那座有去无回的城堡》中。这恰恰就是黑洞本身，如图 41 所示。

图 41　如果你在接近一个黑洞时越过了被称作事件视界的面，你就将永远无法从原路返回。M 和 R 分别是黑洞的质量和半径，G 是万有引力常数。图中的不等式（采用光速为 1 的单位制）就是成为（电中性的非旋转）黑洞的条件。黑洞图片来自维基百科，作者为阿兰·R.。图中英文的意思是"你可以到达那座城堡，但不能从那里回来"。

---

[1] 还有另一种超新星，我们对其了解得更少。

自旋统计定理

相对论和量子力学相结合的两个最深奥和难以理解的结果之一就是自旋统计定理。这一定理认为所有费米子（所有具有半整数自旋的粒子）都是可以"装满盒子"的一类，而所有玻色子（所有具有整数自旋的粒子）都是永远欢迎新成员加入的另一类。因此，一个给定物体的自旋决定了由全同粒子组成的整体会如何表现（即它们的"统计学"）。

自旋统计定理描述了自然的一个奇怪的事实：在数学上很好理解（虽然需要花费不少力气），却很难只用文字来（诚实地）"证明"。一个原因是这一定理涉及两个非常奇怪的量子力学事实。

第一个奇怪之处是，一个粒子的状态是由它的波函数描述的，在一个给定点上，粒子大小的平方等于其出现在该点的概率。这种波动性解释了图 37 中光子或电子的"禅"行为。将一个玻色子旋转 360 度，你会得到与它之前相同的波函数。你会说，这是理所当然的！但是，让一个费米子做同样的旋转，你会得到它原来的波函数的负值。这将严重打击一些人的"经典"信念，即认为将一个物体旋转一周是完全无效和无用的。

第二个奇怪之处是一对全同粒子的波函数[1]。下面做一个排列"游戏"：将这对粒子的位置互换。如果它们是玻色子，那么这对粒子的波函数就不会变化，但是对于费米子，符号就会改变。这又颠覆了人们对"全同"的"经典"看法。如果图 25 中画的是费米子双胞胎的波函数，那么你在交换了他们的位置后会得到什么呢？这对兄弟的"负数"。

要处理像费米子这样的会改变符号的成对物体，我们需要引入一种 a 乘以 b 不等于 b 乘以 a 的数学公式。这是不在这里再做任何代数说明的充分理由。

进行 360 度旋转和排列变换的结果是一样的：玻色子无任何变化，费米子的符号改变。这不是一个巧合，而是自旋和统计关联的基础。自旋统计定理确实将自旋（一个物体在转动时的表现）和统计学（由相同物体组成的整体的表现）联系在了一起。

---

[1] 这对粒子处于相互之间能以小于或等于光速的速度进行通信的位置。因此，相对论可以在这一定理中发挥作用。

第 12 章
平行世界

我们在图 35 中看到了一份"万物"的预选名单。虽然这份名单尚不完整，但在某种意义上它确实包含了为使你现在能看到这本书所必不可少的一切东西。

早在 1936 年我们就知道电子还有一个"表亲"——μ 子，它是自然界"不请自来"的一分子。在这里和接下来的内容中，我们将看到"表亲们"描述了粒子之间除了质量以外几乎完全相同的关系。像图 24 中电子的名片所展示的一样，μ 子也有 4 个基本性质。它与电子具有相同的电荷量和自旋，但它的质量是电子质量的 208 倍。对古希腊先贤有所冒犯的是，μ 子被视为一种"重轻子"。它在图 42 中的新角色一栏中位于前列。

费米子			最新的玻色子
老	较新		
$\begin{pmatrix} u \\ d \end{pmatrix}$	$\begin{pmatrix} c \\ s \end{pmatrix}$	$\begin{pmatrix} t \\ b \end{pmatrix}$	**H**
$\begin{pmatrix} e \\ \nu_e \end{pmatrix}$	$\begin{pmatrix} \mu \\ \nu_\mu \end{pmatrix}$	$\begin{pmatrix} \tau \\ \nu_\tau \end{pmatrix}$	

图 42 所有已知的基本费米子和最近发现的希格斯玻色子（H）的列表。从纵向看，一整列费米子被称为一族。其中最前面的两个成员（第一族中的 u 和 d）是夸克，另外两个成员（e 和 ν_e）是轻子。夸克带有色荷（强相互作用），电子和中微子则没有。

μ 子的大质量属性导致了它的不稳定。μ 子的衰变方式与图 29 中的下夸克大体一致。它们被预言和观测到的平均寿命是 2.2×10^{-6} 秒。但是现在我们知道 μ 子可以衰变成两种不同类型的中微子，即 $\mu = ev_\mu \bar{v}_e$。这里的 $\bar{v}_e$ 是前面我们提到过的电子的反中微子，而 v_μ 是 μ 子的兄弟，称作 μ 子中微子[①]。

自 1947 年以来，一系列新的强子被发现（回忆一下，强子是由夸克组成的强相互作用粒子）。它们的性质过于古怪，以至于被冠名为"奇异粒子"。现在我们知道，除了包含一个或多个奇夸克 s 或反奇夸克 $\bar{s}$ 外，它们其实很正常。最早被发现的奇异粒子之一是 Λ 粒子，它与中子（udd）相似，但其中一个下夸克被奇夸克替代，即 Λ=（uds）。其他的例子是 K 介子、π 介子，它们的一个"普通"夸克（u 或 d）被奇夸克替代。最后，是夸克模型把这个混乱的大家庭理出了头绪。

奇夸克与下夸克有着相同的性质，只是它的质量更大。与电子和 μ 子相似，下夸克和奇夸克也是一对表兄弟[②]。奇夸克有足够的质量，它可以尽情地享受不同的衰变方式：$s \rightarrow ud\bar{u}$，$s \rightarrow ue\bar{v}_e$，$s \rightarrow u\mu\bar{v}_\mu$。

很长一段时间以来，轻子的排列 $\{(e, v_e); (\mu, v_\mu)\}$ 和夸克的排列 $\{(u, d); s\}$ 看起来异常地不对称。曾经几乎没有人相信夸克的真实性，而那时有一小部分物理学家，尤其是谢尔顿·格拉肖和他的合作者，"已经知道"轻子和夸克是类似的，并且第四种夸克必然存在。这种夸克被称为粲夸克（或魅夸克），用 c 表示。它的存在可以解决弱相互作用理论与相应的观测之间由来已久的矛盾，神奇得像魔法一样。所以，"魅"（charm）同时有"施法"（spell）的意思，也并非与学术完全无关。

11 月革命

1974 年 11 月发生了一场科学革命，第一批包含粲夸克的粒子被发现了。但是自然想要给这个故事增添一点趣味，这些粒子被证明是由粲夸克和反粲夸克组成的束缚态（$c\bar{c}$）。它们的"魔法"非但不是显而易见的，而且令人难以捉摸：一个

---

① 这种"兄弟关系"意味着在"带电的"弱相互作用（由 W 玻色子传导）中，中微子与电子或 μ 子相关联的表现是不同的。v_e 和 v_μ 被定义为以这种方式分别与电子和 μ 子相关联的存在。

② 这里没法加上"与 v_e 和 v_μ 相似"，因为这些粒子是不同质量的中微子的混合。图 42 中的所有其他粒子都以一个特定的质量来定义。

单独的粲夸克是以一种典型的独特方式衰变的，而一对正反粲夸克会湮灭而产生"平淡无奇的事物"。只包含一个粲夸克的真正的粲粒子直到两年之后才被实验证实存在。最早被发现的是束缚态的 uuc 和 udc，后者在图 43 中进行展示。

图 43　最早被发现的两种包含粲夸克的粒子之一（udc），用图 44 中的图像符号表示。

正电子素是最简单的人造原子。它（eē）包含一个电子和一个正电子，是研究量子电动力学的最佳"实验室"。它的基态很快就会衰变为两个或三个光子，具体取决于这个正负电子对的自旋方向是一致还是相反。1974 年发现的正反粲夸克对与前述第二种正负电子对的状态（另一种也存在，只是要再过几年才被发现）相似。它们很快被命名为粲素，但这并不意味着一开始就有不少人提出或相信这种解释。

11 月革命之后的两年成果寥寥。这里指可获得的实验数据只能间接证明图 42 所示的粲夸克和 τ 子存在。理论物理学家从当时还未被广泛接受的量子色动力学中推导出的证据是非常有说服力的——对这些理论物理学家而言！那是实验物理学家努力去证明理论错误而非正确的一段美好的旧时光——这正是他们应该做的，然而很多人不再这样做了。这样做的一大益处是使实验证据可以支持更坚实的理论。"尽管我们费尽力气想要得到相反的结论，最后却发现了不想要的结果"，这是一个极具说服力的论据。

在 1976 年，终于有一系列与正电子素态性质非常相似的粲素态（除了以量子电动力学替代色动力学）被发现。这一发现，连同 uuc、udc 和其他包含粲夸克的粒子的发现及其性质，最终使整个"学术界"相信了夸克的真实性。粒子物理基本模型的基石几乎已经全部搭建起来。至此，图 44 描述的 4 种夸克已经为人们所尽知。

图 44　1974 年确认存在 4 种夸克，每一种夸克都有 3 种颜色。

第三族

图 42 中展示了 3 族粒子，每一族包括一对夸克和一对轻子。第三族中第一个被发现的成员是 τ 子，它除了更重以外，与电子和 μ 子是全同的。它的兄弟 τ 子中微子 v_τ 要等到多年以后才被确认存在。回忆一下图 21 和图 22 的内容，弱相互作用的中微子很难被发现和研究。

图 42 中最重的一对夸克 t 和 b 应该以"温柔"（tenderness）和"美丽"（beauty）命名，这样我们就会很高兴地把它们加到图 44 中了。这一提法在以"美丽"表示 b 夸克这一点上算是被部分接受了，但是它们更普遍的称呼是"顶"（top）和"底"（bottom），这解释了为什么它们被加入图 44 中被认为是简单粗暴的。再说一次，美丽和温柔都只是名字而已，它们与图 42 中各自所在行中的其他夸克几乎完全一样，只是比它们左边的那些更重而已。

包含顶夸克和底夸克的粒子已经被发现。顶夸克相对更难产生一些，因为它的质量对于基本粒子来说是创纪录的：是电子的 340000 倍。为了保持故事的完整，请让我再提一个名字起得有些愚蠢的概念。图 42 中的每一种费米子，尤其是夸克，都被称作有一种不同的"味"（flavor），好像我们可以把顶夸克想象成调味汁浇在冰激凌上一样。

是否还有其他有待发现的族呢？图 42 中的各族都包含中微子，它们比其他粒子都要轻得多。如果新的族被定义为享有同样的属性，并且与已知的族具有相同的相互作用，那么答案就是否定的：我们已经把这个族群填满了。这是因为如果有新族的话，Z 玻色子需要通过衰变等方式变成新族的中微子－反中微子对，而这种可能性从观测上被排除了。（额外的衰变"通道"会使 Z 粒子的平均寿命比预期和观测的要短，这与只存在 3 种中微子的情况一致。）

我在前文中说过粲夸克是理论"要求"存在的，从这个意义上说它不完全是个意外发现。对于最重的一对夸克 b 和 t 来说，道理也是一样的——我们"需要"它们。"要求"和"需要"分别指的是什么？我们需要单独一章来说明，下一章见。

第 13 章
一段有关 R^2QFT 的插叙 ★★

　　本章标题中的缩写是为了多隐藏一秒它无疑十分吓人的内涵：可重正化的相对论性量子场论（Renormalizable Relativistic Quantum Field Theories，R^2QFT）。它对于我们理解基本粒子及其相互作用来说是最有力和最具有预测性的工具。粒子物理的基本模型就是一种 R^2QFT，它是一个真真正正的理论，而不仅仅是一个模型。与此相反，我们目前还没有一个令人满意的引力 R^2QFT。

　　在实践中，"可重正化"是指这些理论中的一些参数（比如电子的质量和电荷）需要通过观测而不是预测得到。但是通过给定这些输入的参数、一些计算和不同水平的精度，所有其他"事实"都是可预测的，例如电子的其他属性以及它的电磁力和弱相互作用。

　　如图 45 所示，一个电子就是一个小小的磁体，它可以在磁场中调整方向。在一个铁磁体中，大部分电子的自旋方向都是一致的，从而产生了一个可观测的共同磁场。被放入磁场中的外部电子的自旋方向将变得与磁场方向一致。

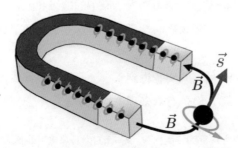

图 45　一个铁磁体中的很多电子的自旋方向被调整得一致。它们产生了一个磁场 $\vec{B}$，这个磁场能够将一个外部电子的自旋 $\vec{s}$ 调整到与其一致的方向。

在包括 $m_e=1$ 的自然单位制下，一个电子的磁矩（其磁性的"强度"，与自旋方向一致）的值被一阶近似地预言为 $g=2$。物理学家喜欢用"反常值"来描述其他情况：$a=g-2$。这一反常值会在如图46（a）所示的最简单的相互作用中消失（$a=0$），图中有一个电子和一个代表磁场的光子。但是这种相互作用也能使另一个光子参与进来，如图46（b）所示。这个光子是由电子发射并重新吸收的。这就会改变对 a 的预言，而使它不再是零。这种修正被称为电子电荷量 e 的二阶，因为那个多出的光子与电子发生了两次相互作用，如图46（b）中以 e 标识的两个黑点所示，其结果与电子电荷量的平方 e^2 成正比。

计算电荷量 e 到二阶项，结果 $a=\alpha/(2\pi)$，其中 $\alpha=e^2/(4\pi) \approx 1/137$。这是对 α 这一较小的量进行连续幂级数"展开"的一系列校正[①]的第一步。到了四阶，我们将得到7个图解，其中之一如图46（c）所示，图中的环路代表一个正负电子对。图46（d）展示了六阶的72个费曼图。

理论物理学家从最初级的近似估计（$g=2$，$a=0$）推进到六阶的完整分析结果花了68年的时间。这一结果在图47中给出，仅供消遣和展示，读者不需要检查它的正确性[②]。每一阶都会产生一个比上一阶小得多的修正结果。2017年4月，斯蒂法诺·拉波尔塔发表了八阶的分析结果并给出了 c_4 的具体数值，它有1100位有效数字，因此无法列在图47中。第十阶的计算还在进行当中。显然，我不会在这里画出八阶（或十阶）的891个（或12672个）费曼图。

对反常值的预言是对各阶计算的加总。目前的实验观测数据是 $a=1159652188 \times 10^{-12}$，误差为十亿分之四。理论和实验都认为 a 值的误差可以小于十亿分之三，相应的 g 值的误差可以到十万亿分之一。这是量子电动力学——一个典型 R^2QFT 的巨大胜利。终于有我们似乎可以比较精确地了解的东西了！电子反常值只是一个例子。元素周期表、原子的能级和跃迁、电磁波的发射和吸收、有关化学的一切、各种物质的性质……对这些事物的了解也都是运用量子电动力学理论的结果。

对于 μ 介子反常，最新的实验得到了一个略微有些偏离理论预期的结果。这点"矛盾"虽不值一提，但仍有众多理论物理学家在不懈地撰写可能或多或少地

---

① 这种不断近似的计算方法称为"微扰"，最初来自对行星轨道的预测。虽然行星的轨道看似由太阳的引力决定，但实际上它是因为较大行星（如土星）等的作用而受到"扰动"。

② 图中包含对电子和光子的图解，此外还涉及其他一些粒子。

具有革命性解释的论文，以防当前进行的实验会证实这种分歧。

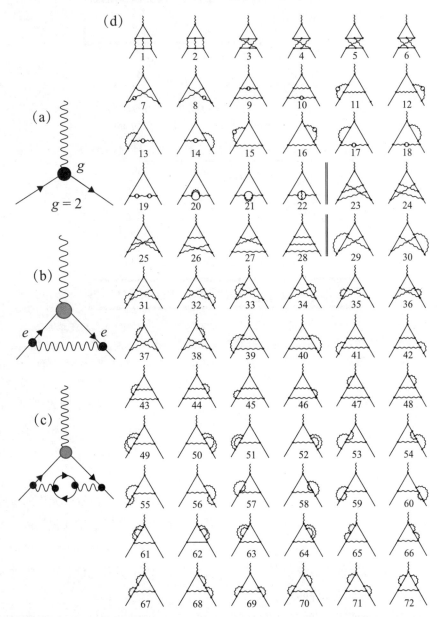

图46 与电子磁矩 g 计算有关的费曼图。（a）主要预言结果：g=2。（b）随着一个光子的交换，第一步修正包含了两次额外的电子 - 光子相互作用，到 $\alpha(e^2)$ 阶。（c）$\alpha^2(e^4)$ 阶的 7 个图之一。（d）$\alpha^3(e^6)$ 阶的所有 72 个图 [B.E. Lautrup, A. Peterman & E. de Rafael. *Phys. Rept.* 3 (1972), 193-260]。每次微扰修正都比上一次要小得多。

$$g = 2 + a_e \qquad 2：\text{狄拉克，1928}$$

$$a_e = c_1\left(\frac{\alpha}{\pi}\right) + c_2\left(\frac{\alpha}{\pi}\right)^2 + c_3\left(\frac{\alpha}{\pi}\right)^3 + \cdots$$

$$c_1 = 1/2 \qquad \text{施温格，1948}$$

$$c_2 = \frac{197}{144} + \frac{\pi^2}{12} - \frac{1}{2}\pi^2 \ln 2 + \frac{3}{4}\xi(3)$$
$$= -0.328478965579$$

彼得曼，1957；索默菲尔德，1958

$$a_e|_{\exp} = 1159652188.4 \ (4.3) \times 10^{-12} \ (4 \times 10^{-9})$$

$$c_3 = \frac{83}{72}\pi^2\xi(3) - \frac{215}{24}\xi(5) - \frac{239}{2160}\pi^4 +$$
$$\frac{139}{18}\xi(3) - \frac{298}{9}\pi^2\ln 2 + \frac{17101}{810}\pi^2 + \frac{28259}{5184} +$$
$$\frac{100}{3}\left[a_4 + \frac{1}{24}\ln^4 2 - \frac{1}{24}\pi^2\ln^2 2\right]$$
$$= 1.181241456 \cdots \text{拉伯特和雷米迪，1996}$$

$$a_e|_{\text{th}} - a_e|_{\exp} = (32 \pm 28) \times 10^{-12}$$

图 47　电子异常值的分析结果，以 a 的观测值和 2、π、$\zeta(3)$ 等数字表示。我曾承诺不会列出公式，这是绝对真理。但是，这个公式要特殊对待。[S. Laporta & E. Remiddi, *Phys. Lett.* B379 (1996), 283-291，以及其中的参考文献。]

相对论性和量子论分别是指遵循（狭义）相对论和量子力学定律的理论。最终，一种每个粒子都带有的场会成为一个极其有力的存在。它描述了粒子及其反粒子，并让我们能具体地描述不同场之间的相互作用。这些场决定了粒子所参与的反应中会发生什么，包括粒子可能的产生和湮灭。

从某种意义上说，R²QFT 就像独裁统治，如图 48 所示。所有被允许的事情都是强制性的，而所有没有被明确授权的事情都是被禁止的。在前文提到的基本模型中，奇夸克的某些衰变（比如 s → duū）虽然没有被观察到，但一定会发生，除非存在或在假定的当时曾经存在[①]一个粲夸克。如果是这样的话，这些未被观察到的衰变就是不被允许的。

如果你看过两个台球实际相撞的视频，你可能就会认为这是一段真实的视频而不是计算机模拟的场景。当你倒看同样的一段视频时，也会得出相同的结论。

---

① 回忆一下第 1 章中的女神，她是一位造物主。

这是因为非常近似地看，自然的基本法则是时间反转不变的①。但在过去的半个多世纪中有人观察到，自然会轻微地违反时间反转不变性。基本模型对时间反转不变性有强制要求，除非 b 夸克和 t 夸克也存在，在这种情况下不变性就在观测到的程度上被违反了。b 夸克和 t 夸克正是这样被预测出来的。

图 48　恺撒·奥古斯都大帝宣布了一项独裁法令。图片来自维基百科，作者为蒂尔·尼尔曼。

　　证明能够准确描述出自然的理论使 R²QFT 具有极为非凡的意义，甚至是诺贝尔奖级别的。1965 年，朝永振一郎、朱利安·施温格和理查德·费曼因在量子电动力学方面的贡献而获得了诺贝尔奖；1999 年，赫拉尔杜斯·霍夫特和马丁努斯·韦尔特曼因在色动力学方面的贡献而获得了诺贝尔奖。我非常小心地按诺贝尔奖的官方说法给他们排序。天知道诺贝尔奖委员会是如何为获奖者排序的。

---

① 很遗憾，对于一个复杂的过程，比如把一杯红酒洒到某人的腿上，时间反转似乎是不可能的，然而这是因为下至原子水平的反转是极其困难的。

所有概念之母

粒子及其产生和湮灭、力及其超距作用、波……我们讨论过的所有这些概念都可以用一个统一的独立存在来描述：相对论性量子场（Relativistic Quantum Field，RQF），好像它是所有概念之母，是所有语言中唯一可以在根本层次上有效描述自然的词汇[①]。相对论性量子场是有关时空的局部函数。在它的静态版本（没有时间因变量）中，它描述了力：在一定距离上产生的作用。在它的集合动态版本中，它描述了波。它的量子方面描述了单独的粒子，在造物层面上，这些粒子可以被创造和毁灭。

---

① 其他词汇，比如（超）弦，到目前为止还没有得出可检验的预言。

第14章
力的统一

我们已经讨论了各种两个或两个以上概念"买一送一"式的统一，这些是通往万众期待的简化理解自然界基本元素之路的关键步骤，其中尤为令人振奋的就是几种明显不同的基本作用力的逐步统一。

至少有两位相对论和量子力学之父——爱因斯坦和海森堡花费了多年的努力去寻找一种"所有基础作用力的统一理论"，却徒劳无获。他们失败的原因之一是不知道或忽视了两种已经存在的基本作用力——弱核力和强核力。至今仍没有人赢得这个"大统一"挑战。谁知道我们是否遗漏了某种假设的第五作用力呢？

1831年，迈克尔·法拉第（很可能是有史以来最好的实验物理学家）将所有类型的电统一了起来，他总结道："摩擦电、磁电、热电都是一种电。"他还发现了电磁感应定律，这一定律描述了磁场随时间变化而产生电流的现象（法拉第于1833年1月10～17日在英国皇家学会进行了宣读）。完整的经典电磁统一理论是由詹姆斯·克拉克·麦克斯韦于1861年发表的[1]。麦克斯韦方程组还通过将光解释为电磁波统一了光和电磁，并预测存在具有不同频率的类似的波，其中最著名的是无线电波。如图49所示，海因里希·赫兹于1886年发现了无线电波。

19世纪40年代，可能是由于化学物中毒或过度劳累，法拉第陷入了精神崩溃状态。50年代，法拉第产生了与爱因斯坦相似的想法，但他所采用的手段完全相反，即完全的实验。他开始着手测量一个物体在地球引力场中减速时所产生

---

[1] 这一理论并不是量子力学的，但是它与狭义相对论惊人一致并预示了后者的存在。

的电位移。在图 50 中，我们看到了他在统一引力和电磁力方面迈出的第一步。不过他失败了，像迄今为止的所有其他人一样。以其一贯的诚实，法拉第最后总结道："我的实验暂时告一段落。结果是否定的，但它没有动摇我对引力与电之间关系的强烈感觉，尽管我仍没有证据证明这种关系存在。"

图 49　赫兹所用的各种形状的天线和他的无线电发射器（上图，版权归福尔克尔·施普林格尔所有）以及他的桌面实验（下图，照片由其本人拍摄）。

麦克斯韦统一电磁理论一个世纪后，谢尔顿·格拉肖、斯蒂芬·温伯格和阿布杜斯·萨拉姆（GW&S）成功地将量子电动力学和弱相互作用统一为电弱理论，它与量子色动力学一起构成了标准模型[1]。在电弱统一理论中，作为电动力相互作用媒介的光子以及传递弱相互作用的 $W^{\pm}$ 和 Z^0 中间矢量玻色子不是相互独立的

---

[1] 我本人在这一领域的重要贡献是复印了保存在哈佛大学图书馆中的格拉肖的博士论文并将其寄给了诺贝尔物理学奖委员会的秘书。应后者的请求，这一行为是绝对保密的。

存在。像骰子的不同面一样，它们之间也可以通过"旋转"相互转化，但这是在一个特定的数学"空间"中进行的，而不是在我们所生活的"普通"世界里。

图50 法拉第做了他的第二个归纳法实验（电和引力），结果失败了。（超）弦理论也许是个前兆。法拉第的许多实验仪器至今仍被保存在伦敦贵族区的皇家科学院里。

一个电子可以与一个质子发生相互作用：它们都是带电的。因此，它们可以交换一个光子并相互碰撞或彼此"散开"，即 ep → ep。在这一过程中，观察者并没有"看到"那个光子，因为它不存在于最初或最终的"状态"中（两者均由一个电子和一个质子组成）。这就像图 26 中的两个球手可以在看不到球的黑暗环境里玩球，却知道他们之间总是在以某种方式进行"相互作用"一样。

中微子不带电，也不能像电子一样与质子散开。电弱统一理论预言中性流过程 [①]（vp → vp）也有可能通过交换一种假想的粒子（Z^0）发生。当中性流基于 Z^0 存在的间接证据刚被 CERN 发现时，诺贝尔奖委员会就迫不及待地将他们颇受欢迎的奖授予了 GW&S。他们的这一做法承担了前所未有的风险。电弱统一理论最清晰的预测是 $W^{\pm}$ 和 Z^0 是可以被实际制造出来和直接观察到的。诺贝尔奖委员会没有做错，随后 W 子和 Z 子就在 CERN 中被制造出来并更加真切地"看到"了 [②]。不仅如此，电弱统一理论的另一要素希格斯玻色子也在 CERN 中被发现了，它值得用单独一章细说。

在知道了弱相互作用和电磁相互作用可以统一为电弱统一理论后，还有什么比将后者与量子色动力学统一起来更有诱惑力呢？物理学家们以他们一贯的谦逊态度将这种尝试称为"大统一理论"（GUT），即使它并没有将引力包含在内。比这更宏伟的计划称为"万有理论"（TOE），它以几乎同样不可抗拒的力量吸引着最伟大的学者和最可怕的怪人。

最简洁和有说服力的"大统一理论"的提出应归功于哈沃德·乔吉和格拉肖。他们统一了夸克和轻子，并解释了它们"成比例的"电荷量之间的关系（在此之前，一个夸克的电荷量可能是 2/3，一个电子的电荷量可能是 1.36 或其他任何数字）。我记得我的另一位杰出的同事曾对我说，在阅读这项报告的初稿时，他的心脏跳个不停，他的神经震颤不已……直到他看到了"钻石非久远"的预测。也就是说，质子是不稳定的，所有普通物质总有一天都会消失不见。

与我的同事相反，我认为质子衰变是一个非常美妙的预测。质子的预期寿命要比宇宙的年龄大好几个数量级。但是宇宙中包含了很多质子，它们的（量子）寿命是分布的平均值。假设我们观察数量极大的质子，并等待其中的少数几个发生衰变，极小一部分质子应该会在可观测的时间范围内发生衰变。实验物理学家对此感到非常兴奋并建造了巨大的探测器，其中两个如图 51 所示。

---

① 这样称呼是为了与其他概念进行区分，例如 $v_e n \to ep$。在这一过程中，轻子与核的电荷发生了变化。

② 关于这类进展的一个有趣的讲述，参见 Gary Taubes. Nobel Dreams: Power, Deceit, and the Ultimate Experiment, Random House, 1987。

图 51 位于美国的具有开创意义的 IMB 探测器（上图，©IMB）和位于日本的神冈探测器（下图，© 神冈天文台）。日本的探测器更大、更好……也更幸运，它采用了拉里·苏拉克及其合作者为 IMB 开发的技术。

意外发现

IMB 探测器和神冈探测器都是一个巨大的超纯净水池，建于地下深处，以确保其不会受到来自宇宙的辐射。它们的表面覆盖着光电倍增管，类似于一个巨大的照相机上的感光元件，可以敏锐地捕捉到发生在其庞大身躯内的各种发光粒子的作用过程。

质子衰变没有在上文提到的极具诱惑力的最初的"大统一理论"层面被发现，从而证明了该理论的错误。或许女神在她本该读到相应文章的时候睡着了，或许她根本不存在。多少有些意外的是，质子衰变探测器对科学的进步做出了极大的贡献。它碰巧记录了由超新星 SN1987A 发射的中微子，由此开创了中微子天文学这门新学科，或者说是"看向天堂的另一种方法"。这类探测器还发现了宇宙射线在穿过大气层时产生的中微子振荡[1]，这些中微子从上方和下方（穿过地球）到达了探测器。质子衰变探测器还通过观察太阳产生的中微子证明了太阳运行理论的正确性。我禁不住要展示一下图 52，太阳的核心通过中微子被我们"看到"。日核的半径大约是太阳半径的 1/5。

图 52　这也许是 20 世纪最好的"照片"。它实际上是通过探测器在地球表面之下夜以继日地观测太阳发射的中微子（夜间，太阳中微子在被探测器观测到之前会穿过地球的一部分）而绘制出的一幅日核的低分辨率中微子图。图片来自神冈天文台。

---

[1] 中微子振荡是指一种中微子转变为另一种中微子的过程，例如 $\nu_\mu \rightarrow \nu_e$。宇宙射线主要是指从外太空撞击地球的高能质子，在其被发现后的一个多世纪中未出现任何具有说服力的理论。它们与大气层中的原子核相互作用产生了中微子，主要有 ν_μ 和 $\bar{\nu}_\mu$。

规范理论★★

电弱统一理论、量子电动力学（"电弱"中"电"的部分）和量子色动力学都是规范理论（gauge theory）。这里"规范"的意思是测量。读到这里，想必你已经不会感到惊讶了，这个词所指代的是一些不可以测量的东西。这些理论中最简单的是量子电动力学。在该理论中，描述电子的场无法被完全具体地描述，它有一个"规范自由度"。必须承认的是，自由度真是一个奇怪的概念。独立地看，在普通时空的每一个点上，电子场都可以位于由一个圆上的所有点组成的一个额外"封闭"维度内的任何一点[①]。

规范理论主要限制前文提到的规范自由度，这导致了几个意义非凡的结果。在量子电动力学中，它意味着光子必须没有质量，并且它们必须严格以所观察到的方式与电子发生相互作用。另一个结果是电荷及其载流的守恒，这一定律最早由艾米·诺特提出，她是少数几个享有其应得名望的女科学家之一。

在量子色动力学中，规范理论还要稍微复杂一些：对夸克场来说，电子的"圈"是一个稍微复杂一些的空间。这一理论还意味着胶子是无质量的，它们与夸克或其他胶子进行耦合，正如实际发生的那样，并且色荷也是守恒的。W子和 Z 子不是无质量的。电弱统一理论的规范对称性必须被"打破"，我们在讨论希格斯玻色子时将会看到这一点。

规范理论听起来像魔术一样危险。"在不可观测空间中，事物可能会指向不同的方向……这正是自然如现在这般的原因"。但它只不过是人们在更简单的物理学中可能已经习以为常的某种事物的概括。电势无法被直接观察到，只有电势差可以。很多人都记得把一个金属物体放入电源插孔中以及把两个金属物体分别放入两个不同的插孔中的区别。噢！

爱因斯坦的引力理论（广义相对论）也是一种规范理论，但是我们还不能在量子层面理解它。也许我们需要引入一些"真正的"额外空间维度，就像弦论引入的那些一样。

---

① 量子力学中极为有用的数学表达使用了复数，熟悉这套语言的物理学家更倾向于把规范自由度称为一种电子场的"相位"选择，即 $e^{i\varphi}$ 中的 φ。以上供有一定知识基础的读者参考。

第 15 章
一段插叙：基础科学有用吗

到这里为止，你可能已经相信（也可能还不信）了解宇宙是一件有趣的事。但它有什么用吗？图 53 给出了一个不算非典型的答案。这个答案显然是错的。

图 53　一段结论错误的对话。

很多我们习以为常的事物和事情都能在基础物理学中找到源头。在众多例子中，我们选几个来说：收音机、电视机、GPS 卫星、发电机、发动机、电路、计算机、手机、激光、X 射线、正电子发射断层扫描（PET）、核磁共振（NMR）、质子治疗……甚至包括网络通用语言超文本传输协议（HTTP）。

各种理论发现及其实际应用之间的时间延迟都不相同。从牛顿出版他的收录了万有引力定律的《自然哲学的数学原理》一书到万有引力定律的第一次"应用"——人造地球卫星的发射，整整过去了 271 年。从麦克斯韦提出电磁场理论到赫兹接通无线电，过去了 24 年。从奥托·哈恩对核裂变的了解到恩利克·费米领导建立的第一座核反应堆，只隔了 3 年。在几乎同样短的时间间隔里，由蒂姆·伯纳斯－李在 CERN 发明的 HTTP 使互联网成为一种与印刷媒体有着相当影响力的全球通信方式。

不可否认，不是所有的基础发现都能实现用户友好的应用。最古老的例子可能是轮子，它同时应用在婴儿车和战车上。

关于基础科学的功用和应用，我想起了柏拉图的《理想国》（公元前 360 年）中的一段对话。苏格拉底和格劳孔在讨论大学应该教授的课程时，一致认为建筑和几何应在其中。

苏格拉底：如果我们把天文学作为第三门课程，你认为如何？

格劳孔：我非常赞成，对四季和月份、年份的观察对将军、农民和水手来说一样重要。

苏格拉底：你因为在意世人的看法而捍卫一种不支持无用学问的形象，这一点真可笑。

第 16 章
再谈双生子

过去、现在和未来之间的区别不过是一种根深蒂固的幻觉。

——阿尔伯特·爱因斯坦

回忆一下 μ 子，它是一种与电子基本上全同的带电粒子，但质量约为电子的 208 倍。μ 子是不稳定的，它会衰变为一个电子和一对中微子，$\mu \rightarrow ev_\mu \bar{v}_e$。静止 μ 子的平均寿命 τ 约为 2.2×10^{-6} 秒。

μ 子是绝佳的"时钟"。它们不但相互全同，而且作为基本粒子，它们的任何组成部分都不会出现功能失调。无论是静止还是运动，μ 子（在被人为制造出来以后）都不会在一个固定的时间内发生衰变。它们的数量随着时间呈指数减少：如果有一半的 μ 子在时间 T 内完成衰变，那么余下的 μ 子的一半将在下一个时间 T 内完成衰变，以此类推，直到所有的 μ 子都消失 [1]。

物理学家通过观察发现，以速度 v 做自由匀速直线运动的 μ 子比静止的 μ 子具有更长的平均寿命，$\tau'=\gamma\tau$，其中 γ 代表洛伦兹因子。重点来了，如果以速度 v 匀速运动的 μ 子在磁场中的运行轨道被弯折成曲线（速度大小为 v 的变速运动），它们的寿命将与做直线运动的 μ 子延长同样的时间：$\tau'=\gamma\tau$。

最早观察 μ 子沿着封闭轨道运动时如何衰变的实验是由 CERN 在 1961 年做的。μ 子沿着像跑道一样的轨道跑了一圈又一圈：开始是一段直道，接着是一个

---

[1] 用一种概率性的表述来说，对于总数为 N 的剩余 μ 子，其在统计上的不确定性为 $1/\sqrt{N}$。民意调查有时也引用类似的不确定性。

半圆，然后是另一段直道和另一个半圆，整个轨道是封闭的。在准备这项实验时，实验设计基于这样的预期：μ子的寿命在直道和弯道上会以同样的因子 γ 被延长。这在当时是一个大胆的假设，因为它还没有得到观测的证实，并且仍然被一些知名科学家所质疑。

这些实验物理学家的期望没有落空：实验如计划所设想的那样进行，预期的和观测到的 μ子的运行轨道吻合，没有 μ子在半圆部分意外地冲出轨道，并且它们在整个运动过程中都以相同的节奏发生衰变。

注意，上面这段文字中隐藏了一个默认的假设：μ子能顺利通过弯道所需要的加速度（由磁场引入）不会改变它们的寿命对速度的依赖，其预期值与直行的 μ子是一样的。

一位理论粒子物理学家可能会给出加速度对 μ子的可能影响的最简单理论根据。这一加速度是由磁场引入的。在学习粒子物理课程的第一年，学生们就可以掌握如何从理论上计算出静止 μ子的寿命，好一点的学生能观察到实验已观测到的结果。计算在磁场中运动的 μ子的寿命并不太难。得到的结果是，在实验中使用的磁场强度对 μ子寿命的影响完全可以忽略不计。如果加速度（而不只是速度）对于运动 μ子的寿命（时间）可以起到一定的作用，那么为什么这一加速度的来源是无效的呢？

最近在 CERN 中进行的"悖论 μ子"实验设定 $\gamma = E_\mu / m_\mu = 29.327$，其中 E_μ 和 m_μ 分别表示 μ子的能量和质量[1]。它可以千分之一的精度测量预期的钟慢效应。μ子沿着它们的轨道（这次是一个圆）运行的加速度约为 $10^{18}g$，其中 g 是地球表面的重力加速度[2]，约等于 9.8 米/秒^2。这一巨大的加速度（不以人类的标准衡量）其实是很小的，例如它比使原子核显著变形的加速度小很多个数量级。而宇航员和 F1 赛车手只能应付大小为 g 几倍的加速度。

---

① γ 相当于光速的 99.942%。新闻记者为了引起读者的注意常常使用速度而不是 γ 值。

② 速度是指在单位时间内经过的距离；加速度是指速度随时间的变化率，因此，它的单位是距离除以时间的平方。

为什么"双生子佯谬"看起来这么荒谬★

如第 5 章中所预测的那样，相互分开后又重新相聚的一对双胞胎在两人都预期自己会老得更慢这一点上看起来是"荒谬的"。

这一双胞胎谜题也称为"时钟佯谬"。搜索一下"时钟佯谬"（加上引号可以排除关于"时钟"和"佯谬"的单独搜索结果），你会在不到 1 秒的时间内得到约 713000 个相关结果。其中绝大部分结果都不是我所指的那种讨论，它们只反映了一种"信息谬论"，这才是真正荒谬的：越多并不一定越好。

以上的网络搜索实验证实了另一个观点：科学理解起来并不总是简单的。这是我在双胞胎问题上进行延展的借口，对于科学与其想要描述的真实世界之间的关系来说，这是一个绝好的例子。不过，你要是对爱因斯坦的双胞胎有一点听腻了，忍不住想要翻到更容易接受的第 17 章，我可以先透个底：双胞胎中待在单一惯性参照系中的那个老得更快一些。

双胞胎中的两个人是有明显区别的：在圆形轨道中运动的那个人一直受到向心力的作用，否则他就无法回到他妹妹的身边。一个容易得出的（错误）结论是：是运动的人的"加速度"而不是他相对于他妹妹的"速度"使他的时钟变慢。回忆一下，速度效应是"相对的"，而加速度效应是"绝对的"。这是支持加速度而不是速度的有力观点。

霍尔斯伯里勋爵提出了一个思想实验来说明加速度的引入并不是必要的。首先，我们再看一下图 11 中的男士。假设他在另一个人为静止的参照系中沿直线从"这里"运动到"那里"（而不是沿着一条封闭路线回去与年老的妹妹相聚）。在以速度 $\bar{v}$ 从"这里"走到"那里"之后，他突然停下来，并再次出发，以速度 $-\bar{v}$ 从"那里"返回"这里"。要做到这一点，他需要先减速后加速返回。是这些加速度让他看到自己的妹妹比自己老得多吗？霍尔斯伯里勋爵认为显然不是。

下面把双胞胎换成三胞胎。如图 54（a）所示，三胞胎中的 T_1 是静止的，而 T_2 以不变的速度 $\bar{v}$ 从 T_1 的身边走过，这时他们打开秒表。远处的 T_3 以速度 $-\bar{v}$ 相对于 T_1 运动。然后，T_2 和 T_3 擦肩而过，如图 54（b）所示。T_2 在这时看了一眼自己的秒表并记下结果 t'_{T2}。在比霍尔斯伯里实验短得多的时间和移动距离中，T_2 向 T_3 发射了一个无线电信号，T_3 随即打开了他的秒表从零开始计数，并

写下了 T_2 的秒表记录的结果 t'_{T2}。此后，在图 54（c）中，T_3 到达了 T_1 所在的位置，看了一眼他的秒表读数 t'_{T3}，并告诉 T_1 总的结果：$t'=t'_{T2}+t'_{T3}$。T_1 确认了 $t'=t/\gamma$，其中 t 是在整个过程中他的秒表记录的时间。

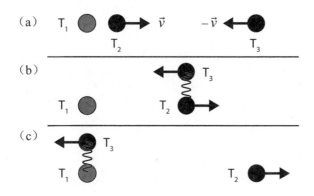

图 54　霍尔斯伯里勋爵关于旅行三胞胎的思想实验。波浪线代表他们之间进行的无线电通信。

这个结果完全基于狭义相对论，它甚至不包含"加速度"这个词。注意，霍尔斯伯里使用了三胞胎，其结果是由 3 个不同（未加速的）惯性系的观察者测量的。在讨论沿着圆形轨道运动的 μ 子时，我们需要将 3 推广到无穷多（也就是 μ 子沿着整个圆运动的无限小步的步数）。我们越来越接近问题的关键了。

在双胞胎中，自始至终只在一个惯性系内静止不动的那个人会迅速变老[1]。另一个人要么忍受加速度，要么使用霍尔斯伯里的技巧把信息从一个惯性系（T_2 所在的）传递到另一个惯性系（T_3 所在的）。

综上所述，当他们相遇时，为什么其中一人总是比另一人老而不是（不合逻辑地）反过来呢？因为这不是一个真正的谬论，它的公式中包含一个麦高芬[2]，一个微妙的不对称——双胞胎中只有一人始终在一个惯性系中。因此，结论中便产生了一个不对称：另一人要老得更慢一些。

这一佯谬的最简单解法直到 1957 年才被进化论提出者达尔文的孙子查尔斯·高尔顿·达尔文发现。答案很明显：如果两个人不能理解彼此的观点，那就

---

① 更一般地说，在一些任意运动的时钟中，时间走得最快的那个也是平均速度的平方（沿着轨道运动的 v_2 的平均值，在一个给定的惯性坐标系中进行测量）最小的那个。

② 指电影或书中仅为推动情节而存在的某种物品或道具。——译注

让他们好好谈一谈。双胞胎在距离很远的时候是无法交谈的，但是他们可以在过生日时向对方发射一个光信号。光当然可以追上他们每个人。通过了解他们之间的相对速度以及信号到达的时间，每个人就能算出另一人变老的情况了。无论是在旅行过程中还是在旅行结束后，他们都能毫无困难地得出其中一人比另一人老得更快的结论。[①]

这些关于双生子佯谬解法的一个有趣的结果是，我们不需要借用加速度计去确定某个运动是匀速的还是加速的，比较一下时钟就可以了。

并不是所有人都对双生子佯谬只需要狭义相对论来解释的事实感到满意，这是爱因斯坦的"错"。他使事情变得过于复杂化了。

爱因斯坦所理解的双生子

再来看静止的双胞胎妹妹和另一个人沿直线从"这里"飞到"那里"再回来的例子。当他们再次相聚时，妹妹要比哥哥老得多。准备好大吃一惊吧。假设双胞胎哥哥在他的参照系中是静止的，他的时钟也是静止的。相对于他的妹妹所带的时钟，他的时钟就会测量出他的妹妹在离开和返回的过程中变得比他更年轻。麻烦来了。但是，请看！他的时钟会显示，当她突然从离去转向返回的时候，她的年龄也会突然增长一大截（在她的参照系中）。而算上这次激增，在妹妹回到哥哥的身边时，她就会比哥哥年长"适当"的岁数。[②]

爱因斯坦在 1916 年发表了广义相对论之后就提出了对双胞胎的看法，广义相对论对于上一段中提到的难题是一个绝妙的解法，尽管不是完全必要。

回忆一下，爱因斯坦提出加速度与重力是对等的。尽管没有给出详细的计算过程（可能他觉得答案太显而易见了），但他计算出了被测出忽然变老（根据双胞胎哥哥分布在他的整个参照系中的时钟记录的时间）的双胞胎妹妹所感受到的"伪重力"效应（等于她的加速度）导致的钟慢效应。答案正是还原双胞胎中的特定一人在故事的最后比另一人更老这一事实所需要的额外时间！

---

① 这个练习（我不会在这里做）需要解一些线性方程组并画一些时空坐标图。如果这些生日信息是以约好的光频发送的，结果就会更令人信服，因为它们的蓝移和红移提供了双重检验。

② 以上叙述并不完全是荒谬的，它是"同时相对性"的结果：两个在同一参照系中同时发生的事件在不同的参照系中会被看作不是同时发生的。让双胞胎中的一人跨越参照系会给我们带来麻烦。年龄的突然增长（在这个情景中）不是一个生物学事实。

为什么爱因斯坦要使用"伪重力"效应这一表述？可能是因为他知道这一效应只在试图理解对方究竟发生了什么的双胞胎的脑中才是"真实的"。然而，尽管以"伪"为名，爱因斯坦的结果却无疑是对狭义和广义相对论的一致性与互补性的最精彩检验。

回到实验本身，无论其可做与否

μ 子衰变实验提供了与双生子佯谬有关的结果，但只是附带产生的。实验者原本要测量 μ 子的磁矩，其含义（与电子的相似性）我们已经在第 13 章中详细讨论过。与此类似，罗伯特·庞德和格伦·雷布卡所做的一项旨在测量引力对光子（在本例中为伽马射线）的效果的实验，也得到了一个"双胞胎副产品"。广义相对论预言了一个光子在下降时其频率上升的幅度（以及相反的情况）。

庞德和雷布卡以极高的精度观测了铁的同位素 ^{57}Fe（Fe-57）的原子核发射和吸收伽马射线的情况。他们使实验对象从哈佛大学的大楼顶层"掉落"至地下室里的探测器中，这会使它的频率升高，反之则会使频率降低。实验结果与广义相对论的预测一致。

庞德和雷布卡还测量了实验结果随温度变化的情况（铁原子具有晶体结构，温度越高，其振幅越大）。在室温下，振动的原子具有 $10^{16}g$ 级的加速度。经过测量得知，加速度对结果的影响比相对速度小 10%。后续的实验将这一限度推进到 0.01%。这一结果给了加速度对时钟可能影响的致命一击。相对速度再下一城。

牛顿曾经担心，如果使一个装满水的水桶绕着它的轴线旋转，水就会洒出来。如果以足够大的加速度移动这只水桶，则也会造成同样的后果。但是，你是相对于什么去旋转（或加速）这只水桶及其中的水呢？比如说，相对于宇宙中所有物质的集合。把这些东西都拿走的话，水就永远不会洒出来了。这个实验做起来有点难度。

双生子佯谬的"最省钱"的解法再次引入了一种覆盖全宇宙的静止系统——与在观察上早被排除在外的老朋友以太不同。在这个参照系中，双胞胎中的一个而不是另一个是"绝对"静止的，彻底杜绝了对为什么一人总比另一人更老的追问。我不知道如何检验这些想法。如果真的没有办法，那么它们就不能让人相信是与物理学相关的。

为了尊重其他人的想法，我请读者们自己得出有关这一佯谬的结论，特别是当你们有一个作为宇航员的双胞胎兄弟或姐妹的时候。

时间相对性背后的数学★★★

好好看看这 3 颗星，这一节中有很多数学方面的内容，是为不反感少许数学知识的读者而写的。

回到图 5，我们可以重新考虑一下为什么英寻和海里的区分是有意义的，尽管它们都是用来测量相同但是更抽象（或更深）的实体——距离的。至少对于一艘船上的船长或渔民来说，这两个单位的含义显然不同。但是如果我们把这些人放到空无一物的空间当中（那里没有水平面），"水平"方向的 x 和垂直方向的 y 之间就没有任何区别了，尽管两个物体之间的距离 d 仍有"绝对的"含义。这意味着在真空中，我们可以通过旋转被称为"水平"和"向下"的两个相互垂直的方向来改变 x 和 y，却始终保持 d 不变。也就是 $d^2=x^2+y^2$ 不变，即使 x 和 y 在旋转的过程中变化了（旋转后的坐标以上标表示，$x'^2+y'^2$ 仍等于 d^2）。这是关于几何学的一个微不足道的思考。

狭义相对论也有它的几何描述。在相对论中，一个"事件"是指在给定的时间和空间中的特定一点发生的事情。设两个事件在空间中的距离为 d，在时间上的差异为 t。定义两个事件的间隔为 Δ，在自然单位制下，$\Delta^2=t^2-d^2$。这与上一段中距离的定义类似，除了加号变成减号。接下来，想象以不同速度运动的两个非加速观察者在观察这两个事件。他们对距离和时间间隔的测量单位是不同的，但是他们观察到的 Δ^2 的值是相同的，所以这两个观察者体验到的光速是一样的[1]。这一自然事实具有令人振奋的结果。最后一次回到双胞胎问题上。

假设我的双胞胎妹妹有一把尺子和一个时钟，尺子上只有两个刻度，一个是"这里"（她所在的位置），一个是"那里"（在尺子的另一端，与"这里"的距离为 d），如图 11 所示。我从她的身边经过，她看到我以不变的速度从这里走到那里，并测量出时间为 t。这两个事件（我经过这里和我到达那里）的间隔的平方

---

[1] 确实如此。为了说明这一点，我们再次引入光速 c，一个观察者会测出 $d=ct$，而另一个观察者得出 $d'=ct'$。$\Delta^2=c^2t^2-d^2$ 与 $\Delta'^2=c^2t'^2-d'^2$ 的值是相等的（且为零）。

是 $\Delta^2=t^2-d^2$，她将其改写为 $t=\sqrt{\Delta^2+d^2}$。"从我到我"的距离为 $x'=0$，我就在我的位置上。因此，我从我妹妹尺子的一端走到另一端所花费的时间以我的表测量就是 $t'=\Delta$，与我没有移动的事实相对应（回忆一下，Δ 对两个人是完全相同的）。现在我们就得出了一个必然的结论：因为 $t'=\Delta$ 比 $t=\sqrt{\Delta^2+d^2}$ 要小，我所经历的时间流逝就要小于我的妹妹：在旅程的终点，我比她要年轻。

讲得再清楚一些。我的时间 t' 和我的位移 $x'=0$ 使得 $\Delta^2=t'^2-x'^2=t'^2$。对于我的妹妹来说，在时间 t 中，我以速度 v 经过了距离 $x=vt$ 和 $\Delta^2=t^2-x^2=t^2-v^2t^2=(1-v^2)t^2$。因为 Δ 对我们两人来说是完全相同的，所以 $t'^2=(1-v^2)t^2$，也就是 $t'=t/\gamma$。其中，$\gamma=1/\sqrt{1-v^2}$，即洛伦兹因子。

如第 4 章最后一条脚注所预测的，一个质量为 m 的粒子的能量 E 和动量 p 之间的关系就像时间和距离一样。图 9 中所描述的能量（$E=m\gamma$）与速度的对比是对 $m^2=E^2-p^2$ 的一种表述，其中 m（不同于 E 和 p）不随粒子与观察者之间的相对速度而变化。

"相对性"一词是指时间、空间、能量和动量是"相对的"，也就是对于不同运动方式的观察者来说其值不同。"绝对性"可能是一个让人不喜欢却更好的名字，因为相对性真正让人"惊讶"的地方在于，某些观测量（比如质量和光速）是"绝对的"，而不是"相对的"。尤其是对真空中的光来说，其特定速度的绝对性似乎令人震惊。但震惊也只是一开始如此，此后人们就会对此习以为常并最终得出不可能有其他结果的结论。确实，只有相对速度才是有意义的，因为我们无法测量出一个人相对于"空无一物"的速度。如果自然界没有什么法则与之相悖，包括描述光的那些定理，那么狭义相对论的一切都是遵循自然规律的，包括 c 的"绝对性"。

经过如此繁重的数学运算工作后，我们有必要好好放松一下，接下来的几章将非常容易理解。

第 17 章
宏观物理学的一些工具

鸟类、海豹甚至蜣螂都依靠星星辨别方向，蜣螂甚至可以选择相对于银河轴线的固定角度前进。但是在我们的星球上，只有人类可以比上述可爱的小生物做得更多。

自远古时代以来，人类将星星划分成了不同的星座，区分出了恒星、行星、彗星等类别，提出了它们对人类生活的影响的猜测。更具有科学意义的是，人们对天体运动进行了预测，包括对月食和日食的预言。这类早期成果中最早的例子之一是绘于大约 3500 年前的埃及女法老养子森南姆的墓顶的装饰，如图 55 所示。

令人惊叹的精密天文学仪器已经存在了几个世纪之久。在图 56 中，我们看到的是兀鲁伯用来测量天体位置和时间的装置——六分仪的遗迹。通过大理石墙面顶部的开口，观测者用一个可移动的目镜可以确定天体在水平线以上的高度。兀鲁伯天文台位于乌兹别克斯坦的撒马尔罕，建于 15 世纪 20 年代。它在 1449 年被毁，其遗迹直到 1908 年才被重新发现。

图 57 所示是伽利略望远镜。注意，望远镜不是由伽利略发明的，他只是对其进行了改进。这架望远镜存放在佛罗伦萨的一个博物馆中，现在以伽利略的名字命名。伽利略望远镜没有被毁，但众所周知的是它给伽利略带来了"麻烦"。他用这一工具观察到了金星的相位以及木星的卫星，这对官方认可的地心说是一个致命的打击（在正确的理论中，太阳位于太阳系的中心）。罗马教廷反对日心说的最后记录消失于 1835 年，伽利略的著作最终从梵蒂冈教廷发布的《禁书索引》中被移除。

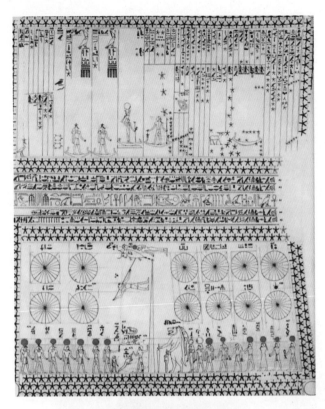

图 55　这是森南姆墓中的天文"星表"，可（被专家）辨认的有天狼星、猎户座、北斗七星、木星、土星、水星和金星。火星"坐"在一艘空船上，可能是因为它当时的逆行现象（所有行星都像钟表的两个指针那样沿同一方向绕太阳旋转，但是从火星上看，其他行星在某些时刻看起来像在"后退"）。洪水发生的月份、播种和收获的季节在图中以不同的圆环表示。

图 56　兀鲁伯天文台的六分仪遗迹。

图 57　伽利略望远镜。

微波天线与人造卫星

　　不是所有的望远镜都利用可见光波段的光子去探索天空。我们在第 14 章中已经看过了中微子作为信使的例子。再来看作为观测工具的光子，微波（MW）频率范围内的光子是肉眼不可见的。图 58 所示的微波天线曾帮助阿尔诺·彭齐亚斯和罗伯特·威尔逊发现了宇宙背景辐射（CBR），也被称为微波背景辐射（MWBR）。由于对一个他们认为是神秘噪声的信号感到疑惑，照片中（见图 58）的他们正在全神贯注地检查天线。他们一开始认为"噪声"是由大批入侵的新泽西鸽子所堆积的某种被他们委婉地称为"介电物质"[①]的东西造成的。最后，落到他们头上的不是那种黏糊糊的恶心东西，而是 1978 年的诺贝尔奖。这是一个意外发现的绝佳例子，因为他们建造的天线最初是用于探测"回声"气球卫星反射的无线电波的。

图 58　使彭齐亚斯和威尔逊发现了宇宙背景辐射的贝尔实验室天线。图中的两位发现者正在思考他们发现的"噪声"的来源。图片版权归 NASA 所有。

[①] 即鸽子粪。——译注

关于宇宙背景辐射的下一个重大发现是由"宇宙背景探测者号"（COBE）卫星于 1992 年做出的：辐射不完全是各向同性的。后文我们将非常详细地讨论这一主题。COBE 卫星及其最早发现的辐射的各向异性展示在图 59 中。与图 13 不同，这张图中的整个天空被投射到了一个椭圆形的图像上。

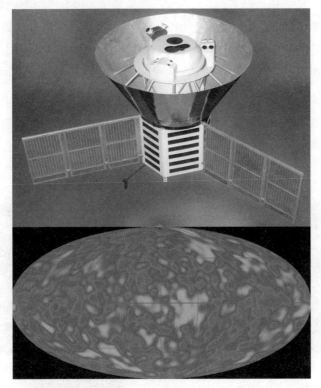

图 59　NASA 的 COBE 卫星和它在宇宙背景辐射中发现的各向异性。图片版权归 NASA 所有。

引力波干涉仪

爱因斯坦的广义相对论的一个结论是，图 1 中的等式暗示了引力波的存在，引力波是由任意加速的物体发出的。这种波可以被理解为时空的扭曲，它在真空中以光速传播。有趣的是，爱因斯坦终其一生都在相信和否定他的理论预测中摇摆。直到理查德·费曼在 1957 年提出引力波可以将能量储存在一种"粘珠"中，这个问题才有了定论。即使在爱因斯坦相信"他的"波的时期，他也认为这种波可能因为太弱而无法被探测到。

在该领域中，近期建造的两座著名设施是图60中的两个激光干涉引力波天文台（LIGO）引力波探测器，它们曾由于技术和经济原因被废置，巴里·巴里什将其恢复使用。就在本书英文版付印时，他与雷纳·韦斯和基普·索恩共同获得了2017年的诺贝尔物理学奖。这两个探测器是非常精密的设备，被小心地"架设"起来以避免地球微震带来的"噪声"。这些微震既有来自自然界的持续微小震动，也有卡车经过、人类开枪等"非自然"因素引起的震动。一束超强的激光沿着真空管道发射红外脉冲，光线被分光镜分成两束，分别沿着两条4千米的长臂前进。作为"测试质量"的镜子将光线反射回分光镜，这时分光镜又变成并光镜，"通常情况下"两束光波会相互抵消（刚好异相相加），因此没有信号抵达下游的光探测器。

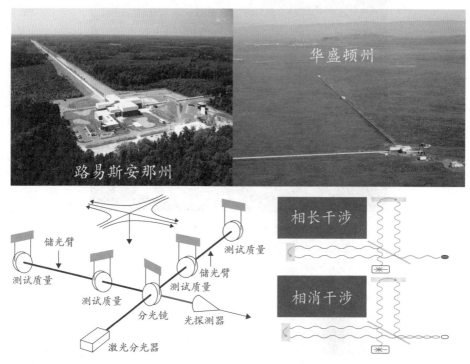

图60　上图：位于路易斯安那州沼泽地和华盛顿州沙漠高地的LIGO引力波探测器。
　　　下图：关于探测器及其工作原理的一个简单示意图。

当一道引力波刚好从外太空来到我们这里时，它会扭曲时空，从而使光波不断地进行同相和异相叠加，在光探测器中产生振荡信号。信不信由你，这套装置可以探测到 4 千米天线长度的 $1/10^{21}$ 的相对变化。这相当于测量 10^{-16} 厘米的长度，也就是原子直径的一亿分之一，或者质子半径的一千分之一。难怪爱因斯坦不肯相信这一切会成为现实。

第 18 章
引力波的发现

　　传统意义上的恒星是由普通物质组成的，其中大部分处于电离状态，即原子在高温下失去了部分或全部电子，这些电子处于自由飘浮状态。中子星主要是由中子组成的，并像普通的恒星一样靠自身的引力维持形状。这类恒星的密度要比太阳的密度大得多，其中很多比我们的太阳重 40%，半径却只有几千米。结果是，1000 立方厘米平均密度的中子星构成物质的质量大约为 4×10^8 吨！

　　绝大多数恒星处于双星系统中，两颗恒星围绕彼此旋转。其中，一些最有趣的双星是由两颗中子星组成的。图 61 描绘了最早发现的双中子星，称为 PS1913+16（数字代表天球坐标，它是在 1974 年被发现的，而不是 1929 年），其中 PS 代表"脉冲星"（pulsating star 或 pulsar）。PS1913+16 双星中的一颗曾是脉冲星。为什么说"曾"呢？脉冲星就像一座灯塔，而我们所说的这颗星不再是可见的了——它的辐射束目前没有指向我们。

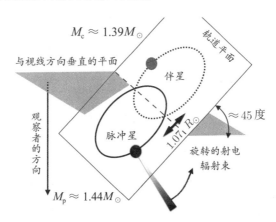

图 61　胡尔斯-泰勒双星。两颗中子星中的一颗被发现是脉冲星，与轨道平面的夹角约为 45 度。

图 62 描绘了一颗脉冲星发生脉动的方式，我们对其真实细节的了解还不完全令人满意。与地球一样，脉冲星也有一个与其绕转的轴不完全重合的磁场。这个旋转的磁场会发射电磁辐射，在相继的时间间隔中掠过我们，就像灯塔发射的光束一样。

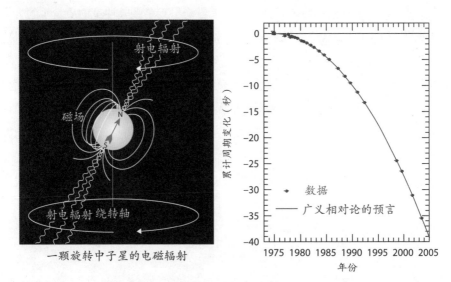

图 62　左图：一颗带有磁场的旋转中子星的射电辐射。右图：PS1913+16 由于引力波辐射导致的轨道周期缩短（29 年中共缩短了约 36 秒）。

与图 58 中的不同，位于波多黎各的阿雷西博的巨大锅状微波天线不需要图示，因为"所有人"都在 007 系列电影（《007 之黄金眼》）中见过它。拉塞尔·胡尔斯是乔·泰勒的一名学生，一直在阿雷西博搜寻脉冲星。脉冲星产生的射电信号会发出"哔——哔——哔——"的蜂鸣声，胡尔斯每天都在捕捉这种声音。幸运的一天来了，他发现有一颗脉冲星的蜂鸣声每隔几小时就会在"哔——哔——哔——"与"哔哔哔"之间来回变化。没错，他很快就意识到他们发现了第一颗脉冲双星。

胡尔斯 - 泰勒脉冲双星包含两颗中子星，其中一颗是脉冲星。从图 61 中可以看出，它们的轨道是一个狭长的椭圆。它们的绕转速度变化非常大，从 110 千米 / 秒到 450 千米 / 秒（相对于质量中心）。就像火车鸣笛一样，脉冲星的"哔"声在向观测者方向传播时频率更高，远离观测者时频率更低。因此，胡尔斯才会发现蜂鸣声频率变化中隐含的意义。

与其他恒星或行星系统相比，很多脉冲双星是令人印象深刻的极端。胡尔斯－泰勒脉冲星每 59 纳秒自转一周，这就是其一"天"的长度。在绕转轨道一次的 7.75 小时内，两颗星之间的距离在 1.1 倍和 4.8 倍太阳半径之间变化。这些极端的特征意味着，通过仔细地分析脉冲星的蜂鸣记录，我们不仅能以令人震惊的精度测算出上文提到的轨道特性，而且能够测量到单颗脉冲星的质量（约为太阳质量的 1.4 倍），以及各种只能基于广义相对论预言和理解的"非牛顿"观测量。

胡尔斯－泰勒脉冲双星系统对爱因斯坦的理论进行了一次完美的检验[①]。不仅如此，双星在轨道上运行的巨大加速度还意味着这一系统会因发射引力波而损失能量。这使轨道和公转周期缩短了可预测的量。图 62 显示了预测和观测的结果，两者完美贴合。爱因斯坦的理论再一次被证明是正确的，尽管这一次是他并不怎么相信的预言。

再过大约 3 亿年，胡尔斯－泰勒脉冲双星的轨道会缩短到使两星并合。我们可能没法亲眼见证由此产生的引力烟火了，但请稍等，我们先看下一章。

---

① 胡尔斯和泰勒因对第一对脉冲双星的发现和分析而获得 1993 年诺贝尔奖。安东尼·休伊什也因他的学生乔瑟琳·贝尔对脉冲星的发现于 1974 年获奖。乔瑟琳女爵参加了 1993 年诺贝尔奖的颁奖典礼，我猜她可能受到了泰勒的邀请。这对她遭到不公平对待的先驱性工作来说是一种微小的认可。

第 19 章
对引力波的直接探测 [①]

  有什么比中子星还要"又大又好"？两个未预料到的恒星级黑洞的并合！
2015 年 9 月 14 日，由这一事件产生的引力波首次被 LIGO 引力波探测器探测到，
如图 63 所示。这个事件以发现时间被命名为 GW150914。

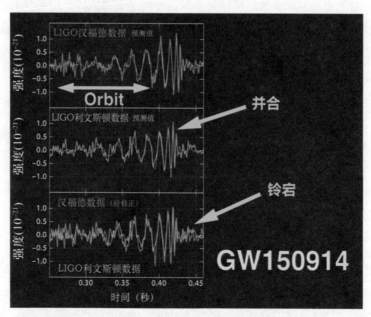

图 63 上图和中图：首次被观测到的黑洞并合，由 LIGO 引力波探测器记录。
下图：重叠的信号，根据以光速到达探测器的不同时间（6.9 毫秒）和不同方向加以修正。

[①] 在 2017 年的时候，另一个更加具有戏剧性的引力波事件被发现了，它是由两颗中子星的并
合引发的。除了引力波之外，全世界的天文学家还在多个电磁波段观测到了对应的辐射。
这次事件被命名为 GW170817，它真正掀开了天体物理学的新篇章。——译注

如同两颗中子星，两个相互绕转的黑洞也会以"啁啾"的嘶鸣声发射引力波：随着两个天体的靠近，运动速度加快，声音的频率和强度也会升高和增大。由图63 中的 LIGO 数据可见，这种"啁啾"声在"轨道"周期的最后被发现，这场持续了亿万年之久的天体舞蹈终于被我们看到了 0.1 秒的片段。两个黑洞"融合"或并合为一个的时间甚至更短。最终，新诞生的并合黑洞会振荡一段时间，并继续发射引力波，即铃宕。被记录下来的整个过程只有约 0.2 秒。

我们从 GW150914 数据中获知的黑洞特性可以达到大约 15% 的精度。两个前身黑洞的质量分别为 $29M_\odot$ 和 $36M_\odot$（回忆一下，$M_\odot$ 表示太阳的质量）。新生黑洞的质量为 62 倍太阳质量。这里不是输入错误，确实少了 3 倍太阳质量。但也不完全是这样，因为有 $3M_\odot c^2$ 的能量以引力波的形式被辐射出去了。在 0.2 秒中，黑洞并合产生的（引力）"光度"是可见宇宙中"所有"恒星产生的（光的）光度的 50 倍。一场时空框架中的完美风暴！

以上对于引力波信号的理论解释和对这一特定引力波的分析同样是意义重大的科学成就——这一点没什么可犹豫的。继光与中微子之后，引力波打通了人类观察天空的第三条通道，如图 64 所示。如果没有新的事物干预，引力波天文学的未来将会"光芒万丈"。

图 64　光（光子，γ）、中微子（ν）和引力波（$g_{\mu\nu}$）——我们"看星星"的 3 种方法。窗户图片来自 maxpixel。

正如我所见证的，我们对引力的了解好像在以快进动作不断向前发展。但是我求学的大学（马德里大学）中的很多教授不完全是与时俱进的。一个好学的学生和一个教 AA3（高级天文学三）的教授之间的对话很有可能是这样的。

教授：地球位于中心，环绕着它的是连续不断的球体。在这些球体中，有太阳、月球、金星等地内行星[①]，土星等地外行星，还有满天的星星围着我们转。这

[①] 实际上，太阳为恒星，地球等太阳系内的行星围着太阳转；而月球围绕地球转，是地球的卫星。——译注

些都展示在图 65（a）中。

学生：但是，教授，是什么让地球不会掉下来呢？

教授：在 AA1（高级天文学一）中，我已经教过了，地球被一个叫阿特拉斯的巨人用双手举着，看图 65（b）。

学生：那阿特拉斯又是怎么支撑住的呢？

教授：笨蛋，这个我在 AA2（高级天文学二）中解释过，阿特拉斯站在一只巨大的乌龟的背上，像图 65（c）中那样。

学生：可是……

教授：不用问了，我直接给你答案：全都是乌龟！看图 65（d）就知道。

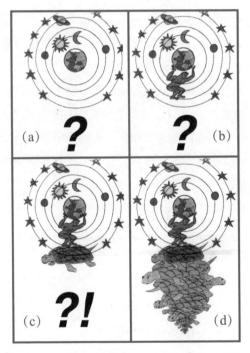

图 65　古代关于引力和我们所在的宇宙的看法。

参考文献

[1] DACKE M, BAIRD E, BYRNE M, SCHOLTZ CH, WARRANT EJ. Current Biology. 2013,23(4):298.

第 20 章
微观物理学的一些工具

望远镜和显微镜分别用来观察比我们大得多和小得多的东西。显微镜有一个望远镜所没有的缺陷：随着分辨率的提升，它对所观察事物造成破坏的可能性也在增加。在显微镜中，照射到观察对象上的光会被反射回来并被我们看到，或者被拍摄到。一个海浪可能会被一块巨石挡回来，但不会受到前进方向上的一根细杆的影响，因为没有被击退的浪花可以为这根细杆造"像"。类似地，要想看到某些物体的细节，就要把波长比这个物体更小的光照射在它的上面，以使其结构被"解析"出来。短波长意味着高频率，而正如我们在第 9 章开头讨论过的，高频率就意味着高能量。

要想分辨出比原子还要小的物体（比如原子核），就只能将非常高能的光子照射在它的上面，这将对这一物体产生影响——激发或击碎它。你还可以试着用光子以外的东西"照射"观察对象：中微子、电子、质子，诸如此类。结果是类似的。[1] 在高能（或基本粒子）物理学中，一项观察通常会以所研究物体被炸得粉碎而告终。

在研究比原子更小的物体的结构或者没有维度的物体（基本粒子）的性质时，比显微镜更为强大的工具是加速器和对撞机。也许把这两种机器称为"增能器"更恰当一些。加速器把粒子加速到非常高的能量水平，然后将其发射到一个装有研究对象的固定靶上。对撞机包含两个相反方向的加速器，使相同或不同的粒子……相互碰撞。某些加速器（包括那些组成对撞机的加速器对）是直线的，一次性地沿直线加速粒子。还有一些加速器会使粒子沿着螺旋的或圆形的轨道来

---

① 以光速运动的光子的能量和动量是相等的，即 $E=p$。对于一个大质量粒子，$E=\sqrt{p^2+m^2}$，光子的爱因斯坦质能方程 $E=hv$ 变为 $p=hv$。

回运动而反复加速它们。

固定靶一般是固体或液体的。它的密度要比加速器或对撞机中的粒子束大得多。因此，在研究相似粒子的碰撞时，对撞机中粒子束之间的碰撞概率要比粒子束与固定靶的碰撞概率小得多。就像对着墙开枪，或对着由另一把枪发射的向相反方向运动的子弹开枪，结果是非常相似的。这对使用固定靶机器并反对应用对撞机的人们来说是个好消息。坏消息是对撞机中的粒子在碰撞中完全"使用"了它的能量，而固定靶中的粒子把部分能量"浪费"在了粒子束与固定靶碎片的反冲动能中。因此，对撞机在最高能的情况下是获胜者。

第一个投入使用的环形加速器是由欧内斯特·劳伦斯制造的，并于 1934 年申请了专利，见图 66 中他手中的装置。自此开始，加速器技术取得了巨大的进步，并在尺寸、能量和粒子束的强度等方面不断发展。图 67 展示的是位于 CERN 的加速器群组，其最大的组成部分是大型强子对撞机（LHC）。它是一个周长为 27千米的环形机器。在 LHC 中进行对撞的质子（或铅原子核）先在一系列较小的加速器中连续加速，其中一个加速器（质子同步加速器，PS）已经运行了半个多世纪的时间。

图 66　劳伦斯拿着他制造的第一个质子加速器以及该装置的照片。这是一个回旋加速器，其中的粒子在被"喷射"之前沿着一条螺旋轨道加速。经伯克利实验室许可使用。

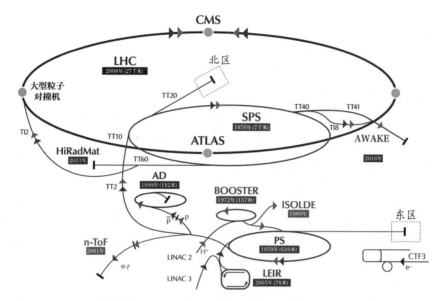

图 67　CERN 加速器群组网络。质子经过一个直线加速器（LINAC 2）和 3 个环形加速器（BOOSTER、PS 和 SPS）的预加速后被"注入"LHC 的两个环中。图中还展示了很多粒子加速器和固定靶设施。AD 是一个反质子减速器，用于对反物质的精确研究。经 CERN 许可使用。

CERN 横跨法国和瑞士交界处的乡村。它的一些设施（尤其是 LHC）无法建于地面之上，主要是因为地面不平。建造一个上下起伏的加速器非常困难。所以 LHC 被建在一条地下隧道中。为了节省经费，它使用了为放置以前的对撞机所挖的隧道，如图 68 所示。因此，我们无法从空中看到 LHC。在图 69 中，我们只能看到日内瓦机场，而 SPS 和 LHC 的地下隧道轮廓线是手工添加的。

在图 69 中，我们还可以看到用虚线画出的法国（上方）和瑞士的边界。从远处看，这两个国家好像差不多，但是近看时会发现瑞士的农场要更洁净和茂盛，而法国的很多农场中堆满了垃圾。但是，说到这两个地方生产的葡萄酒，情况就变得差不多了。

仔细观察图 69 我们就会发现，LHC 中的质子运动一周会 6 次穿越法瑞边界，以其静止能量 7000 倍的能量运动。它的速度已经非常接近光速[①]，每秒要完成 11000 周的运动。幸好没有海关人员在这里阻止实验进程（或游客）。

---

① 也就是 $\gamma = 1/\sqrt{1-v^2/c^2} = 7000$，这里 v 只比 c 小一亿分之一。

图 68　一个工人正在检查 LHC 所在隧道的挖掘工作。对着像钻机一样的庞然大物，这个人可称得上是一名斗牛士。经 CERN 许可使用。

图 69　SPS 和 LHC 的地下隧道（较小和较大的圆）以及日内瓦机场所在地的区域景观。图中的虚线将法国（东北部和上部）与瑞士划分开。经 CERN 许可使用。

　　不需要回顾前文我们也知道，显微镜与放大镜都利用了光的折射原理，然而对于加速器来说情况并非如此。例如，LHC 有两种主要的组件，沿着它的圆周间隔着排列。第一种是加速腔，图 70 展示了其中的一个。此图的下方显示了它的运作原理。质子在加速器的真空粒子束管道中运动。每个加速腔包含一个带负电的薄板，中央有孔，以使到达的质子能够从中穿过。薄板吸引着带正电的质子，使其加速到更高的能量。每当一束质子经过薄板时，薄板就被充成正电。这又排斥了质子并从后方给了它们第二次加速的重踢。

图 70　LHC 的一个加速腔正在进行测试。蓝色的薄板在质子（带正电）穿过其中央的孔洞时会改变"极性"（由负变正）。每次质子通过加速腔都受到两记满载能量的重踢。经 CERN 许可使用。

　　第二种主要组件是一组很大的磁体，其中一些用来"聚焦"粒子束：缩小它们横向的尺度。其他一些被称为偶极子的磁体会引导两束相反方向的粒子沿着它们的环形轨道运动。图 71 展示了其中的一个。嵌入磁体中的是两条粒子束管道。在两条管道中，质子都受到磁场的作用，在其中一条管道中磁场方向向上，在另一条管道中磁场方向向下。这样的装置（相反的速度，相反的磁场方向）使得两个粒子束能够沿着加速器的圆周运动。

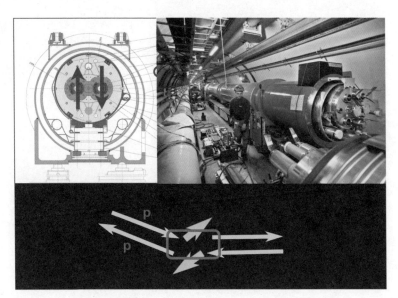

图 71　一个 17 米长的 LHC 磁体（蓝色）被安装在 LHC 隧道中。它的横截面示意图显示了在两条粒子束管道中磁场的方向相反。以相反方向运动的、带相同电荷的粒子朝着相同的向心方向偏转。经 CERN 许可使用。

第 21 章
LHC 及其探测器

在 LHC 的 4 个撞击点，有 4 个很大的探测器和几个小一些的探测器深埋于地下。图 72 中展示了用于容纳这些设备的一个正在建设的大型地下空穴。这个空穴通过一条竖直的通道与地面相连，各种探测器的零部件通过这条通道运到地下进行组装。

图 72　现在容纳了 ATLAS 实验装置的地下空穴，照片拍摄于建设期间。经 CERN/ATLAS 许可使用。

图 73 展示的是其中一个大型探测器 CMS 在建设阶段的样子。LHC 的探测器类似于一台非常精密的照相机，用于给各种碰撞事件拍照。一次碰撞一般产生

几十个到几百个粒子。"产生"这个词在这里用得没错，因为那些粒子是在碰撞中被新创造出来的，而并非参与碰撞的粒子的组成部分。与此形成鲜明对比的是，当两辆汽车相撞时，多数碰撞产物都是本来就存在的（除了容易制造出的光子之外），如轮子、汽化器等[①]。

图 73　正在地下组装的 CMS 探测器。经 CERN/CMS 许可使用。

带电粒子在探测器磁场中的轨迹是曲线。曲线的曲率取决于粒子的电荷和动量。粒子的速度通过飞越不同探测器的时间差而测得。结合动量的信息，我们就能得到粒子的质量，也就能获知粒子的身份[②]。光子和电子把能量转移给电磁量能器，中性强子把能量转移给强子量能器。量能器用来测量粒子的能量。所有这些很不一样的探测器分布在一个洋葱状结构里，其中一个叫作内部追踪器的设备离狭窄的粒子束管道最近，在这个地方被加速的粒子发生碰撞。

像 LHC 这种加速器及其探测器的建造是跨越数十年需要数千人参与的大工程。在这种意义上，它可以跟大教堂的建造相比，我们所说的只是欧洲古老的那

---

① 为了产生具有非零质量的粒子（质量为 m），需要的最小能量是 mc^2。一次汽车碰撞事件的能量足以产生许多大质量粒子，但这些能量分布在汽车包含的大量粒子中，并没有哪两个粒子之间发生了特别强烈的碰撞，所以产生的粒子只有（无质量的）光子，比如碰撞造成的火花。

② 在光速 $c=1$ 的单位制中，$p=mv/\sqrt{1-v^2}$，所以 $m=(p/v)\sqrt{1-v^2}$。

种。二者的主要差别在于物理学家比建筑学家更谦卑，所以大教堂建在地面上，而大型高能物理设备建在地底下，如图 74 所示。克劳德·德彪西创作的钢琴曲《沉没的教堂》(*La Cathédrale Engloutie*)，可算是这方面的先锋代表作。

图 74　上图：两位试图看见他们的探测器的高能物理学家。下图：建筑学家的作品——大教堂。上图来自 Sander van der Wel，下图来自 Luis Miguel Bugallo Sánchez。

ATLAS 探测到的早期事件之一可在图 75 中看到，图中的探测器跟计算机模拟的碰撞实验叠加在一起。事件中包含一个穿透性很强的带电粒子——μ 子，它到达外部的 μ 子探测器（图中的绿色板子），作为两次"命中"的结果展示出来。

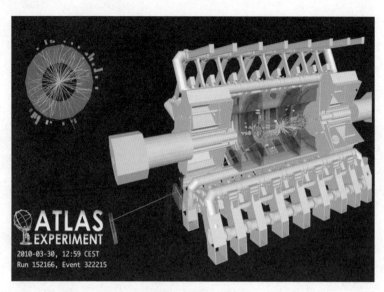

图 75　在 ATLAS 中发生的一次早期事件，展示了带电粒子的轨迹，它们中的一个是非常具有穿透性的 μ 子。左上角的圆环展示的是在这个事件中粒子在碰撞连线所垂直的平面上的轨迹，黄绿色的矩形表示量能器中记录下的能量。经 CERN/ATLAS 许可使用。

经过几十年的努力，LHC 及其探测器进行的每个实验中的首次碰撞事件最终出现在了控制室计算机的屏幕上（2009 年 11 月 24 日，中等注入能量 450 吉电子伏）。图 76 展示了实验物理学家对这类事件的反应。右下角的两个人刚上完夜班。

图 76　实验物理学家们看到来自 LHC 的第一个碰撞事件后的反应。注意，其中有两个人负责前一夜的全部工作。经 CERN 许可使用。

除了技术水准和勇气的极端体现，我们谈论的加速器和探测器也是美的体现。意料之中的是，它们激发了艺术家的灵感。图77是一个例子，展示了赛尔希奥·西塔林眼中的LHC复合体和CMS。西塔林是一位物理学家，他有点受达·芬奇的影响（图中说明了这点）。

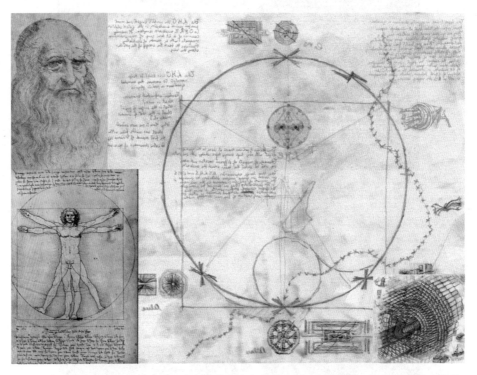

图77　达·芬奇和西塔林的版画。后者中的文字也是反向的，但更幽默。经西塔林许可使用。

第22章
希格斯玻色子及其真空场

弱相互作用和电磁相互作用的统一理论叫作电弱理论。作为基本对称性自发破缺的理论构造的一个例子，这个理论的方程具有某些对称性，但方程的"解"并没有那些对称性。这种现象的一个例子可以在图78中看到。如果一个杯子具有图中左边的形状，那么放在这个杯子底部的球将保持不动。这个球也能以相同的方式往各个方向振荡，这就是对称性（各个方向都是等价的，或者说沿着竖直轴转动时杯子保持不变）。最低能量状态对应于球处于平面上时的原点，这个状态是旋转对称的。

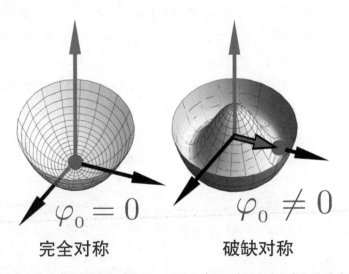

$$\varphi_0 = 0 \qquad\qquad \varphi_0 \neq 0$$

完全对称   **破缺对称**

图78　自发对称破缺和希格斯机制。左图：一种对称情形，最低能量状态也是对称的。右图：另一种对称情形，但最低能量状态破坏了对称性——球所处的位置定义了一个特殊的方向。

图 78 的右边显示了另一种可能性：具有相同的旋转对称性，形状类似于传统的酒瓶底。但是，这时位于底部顶点的球是不稳定的，它会倾向于自发地往某个方向掉落。当它掉下来时，对称性就被打破了。球停在图中黑色箭头确定的平面上的某个位置。处于最低能量状态时，球仍然是静止的，但不再具有对称性。球在理论上具有旋转对称性，但最低能量解有一个"特殊"方向，对应于球所在的位置。

在电弱理论中，"瓶子"描述了希格斯场 φ 以及它如何与自身相互作用。在其最低能量状态（也被称为真空）中，希格斯场具有非零值，记为 φ_0。

物质之母

我们刚刚看到，在最低能量状态下，电弱理论的（以及我们宇宙的）希格斯场具有非零值 φ_0，称为真空期望值。考虑你现在可能身处的房间，前面第 7 章第二部分开头讲过，你的房间中充满了某种闻不到、听不到、尝不到、摸不到、看不到的东西，但你一定能意识到它的存在，那就是地球的引力场。要想摆脱这种引力场，你可以把你的房间挪到我们所在的星系之外，那里的引力场微弱到可以忽略，或者在各个方向是均匀的。

在这种"无何有之乡"，你摆脱了引力场，但摆脱不了希格斯场。这意味着真空不空！真空是一种物质实体。我们将看到，曾被我们认为最简单的真空其实尚未被真正理解。不过，我们对希格斯粒子的作用方式所知不少。

据说，希格斯场以期望值 φ_0 均匀地充满了外太空和其他所有地方，包括你的身体。具有质量的基本粒子的质量（希格斯玻色子自身除外，中微子也可能除外）正比于 φ_0。如果 φ_0 为零，中间矢量玻色子、夸克、带电荷的轻子的质量就都会是零。正如光子与其他粒子的耦合强度正比于那些粒子的电荷量，希格斯场（及其真空值）与其他粒子的耦合强度正比于它们的质量。粒子与遍布非零期望值的真空相互作用，这种作用产生了粒子的质量。这个过程经常被类比为一种摩擦，但这是个极为糟糕的类比[1]。在我看来，图 79 中的例子是最糟糕的一个。

---

[1] 摩擦把能量从运动物体（比如子弹）转移到阻碍运动的物体（比如空气）上。粒子与真空希格斯场的相互作用并没有这种效果。

图 79　1993 年英国组织了一次对希格斯玻色子或撒切尔夫人产生质量机制的解释的评比活动，这幅获奖作品对希格斯机制的解释简直不能更错了。真空中的居民不会聚集在有质量的粒子周围。经 CERN 许可使用。

　　我们讨论了希格斯场及其真空值，这些都显得很奇怪。有可以被检验的结论吗？正如我们在第 14 章开头看到的，相对论性量子场有其他展现方式，其中之一是作为一个粒子出现。具体到这里，量子场体现为希格斯玻色子，以及它的产生和消失。希格斯玻色子衰变成其他粒子的过程提供了检验前面那些关于真空的惊人陈述的一个途径。

　　希格斯玻色子与基本粒子（一些最轻的除外）之间的耦合已在 LHC 中被以相当高的精度直接测出。测量方法是观测希格斯玻色子不同衰变通道的概率：$H \rightarrow \mu^+\mu^-$、$H \rightarrow \tau^+\tau^-$、$H \rightarrow b^+b^-$、$H \rightarrow W^+W^-$、$H \rightarrow Z^0Z^0$ 和 $H \rightarrow t\bar{t}$。图 80 表明，测得的希格斯玻色子与不同粒子的耦合强度完美地正比于这些粒子的质量，而这是粒子质量起源于粒子与真空希格斯场相互作用这一观点所需要的证据。不是非得如此（即在没有希格斯理论的情况下耦合强度不必正比于质量），但对于半个多世纪前预言的标准模型希格斯场，结果必须是这样的。事实上也是如此。

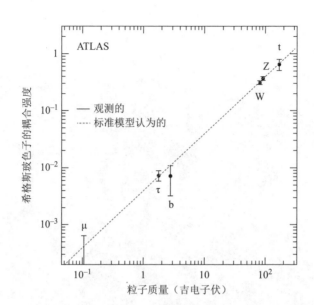

图 80　如同标准模型预言的那样，测量到的希格斯玻色子与各种粒子的耦合强度正比于它们的质量。结果来自 ATLAS 实验。经 CERN/ATLAS 许可使用。

制造希格斯玻色子

可惜的是，不存在希格斯玻色子矿。希格斯玻色子的平均预期寿命是 1.6×10^{-22} 秒，太短了，不能直接测量[①]。跟研究许多不稳定基本粒子的方法一样，如果你对希格斯玻色子感兴趣，就需要把它制造出来。它的质量很大（大致是 125 吉电子伏，是质子质量的 133 倍），只能通过高能碰撞产生。目前，在我们这个星球上，只有 LHC 才可以制造希格斯玻色子。

LHC 的 ATLAS 和 CMS 实验团队官方宣布希格斯粒子的发现时间是 2012 年 7 月 4 日，台下的热情听众包括这个粒子的多位"父亲"：弗朗索瓦·恩格勒特、杰拉德·古拉尔尼克、卡尔·哈根以及彼得·希格斯。汤姆·奇波尔未能参加，而罗伯特·布鲁已经去世。[②] 从未有一个科学发现能吸引这么多媒体的关注。科学发现的发布会通常都很冷清，如果与新 iPhone 的发布会和超级碗决赛相比的话。

---

① 最值得注意的例外是长寿命的 μ 子。每秒有数十个 μ 子穿过你的身体。它们是其他粒子衰变的产物，这里的"其他粒子"主要是指 π 介子，而 π 介子由宇宙射线与高空大气中的氧和氮碰撞产生。宇宙射线主要由质子组成。

② 恩格勒特和希格斯因他们提出的机制和所产生的玻色子而获得 2013 年诺贝尔物理学奖。

在质子（p）-质子（p）碰撞过程中，生成希格斯玻色子的主要机制是图 81 中比较复杂的那个。质子中的两个胶子合并生成夸克对 t t̄，然后融合成希格斯粒子 H。H 与质量很大的顶夸克的耦合很强，导致这个机制占主导地位。图中也展示了 H 的两个相关的衰变模式：生成两个光子以及通过快速衰变的 Z 粒子传递，导致生成 4 个带电荷的轻子。

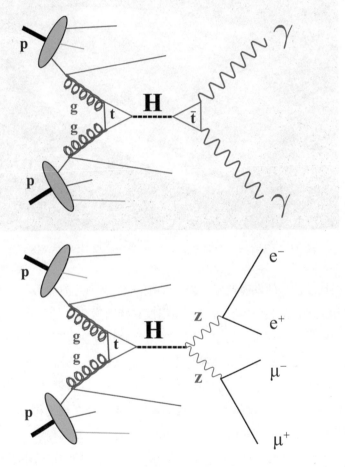

图 81　胶子通过顶夸克"圈"融合成希格斯粒子（这里一对 t t̄ 融合成 H）。上图：衰变成两个伽马光子。下图：通过两个 Z 粒子衰变成 4 个轻子，即一对 μ⁺μ⁻ 和一对 e⁺e⁻。

希格斯玻色子的两个"发现模式"如图 81 所示。对于双光子通道 $H \to rr$，实际的候选事件展示在图 82 中。通过光子的能量和方向可以重构光子对的质量，这个质量可能等于也可能不等于 H 的质量。我们需要做的事情就是从其他各种途径产生的大量"背景"光子对中提取信号。对希格斯粒子的其他衰变模式的处理方式与此类似。

图 82　重构包含两个高能光子（γ）的事件。经 CERN/CMS 许可使用。

　　希格斯玻色子的发现者为什么那么确信他们发现了这种粒子，以至于专门邀请提出相关理论的科学家到现场？他们没有特别强调这一点。图 81 展示的机制背后涉及的计算一点都不简单，不是每个实验物理学家都能做这种计算（当然，也不是每个理论物理学家都能参与建造对撞机或者探测器）。产生希格斯玻色子的速率与理论符合，这是他们相信这一诠释的决定性因素之一。在一个实验中，人们利用四轻子衰变通道中衰变产物的量子纠缠（也是理论物理学家发明的）来让信号超过我们一般能接受的"发现水平"。对"不那么有趣"的背景的计算也需要理论物理学家的繁重工作和关键贡献，我们对他们的致谢还不够。

第 23 章
现今的粒子和引力的标准模型

我们都在阴沟里，但仍有人仰望群星。

——奥斯卡·王尔德（1854—1900）

在人类发现希格斯玻色子和直接探测到引力波之后，似乎粒子物理的标准模型和广义相对论都算是完满了。然而，事实并非如此。还有一个叫作轴子的粒子尚待发现。轴子的存在是粒子物理模型所要求的，因为如果它不存在，就会出现对基本物理定律时间反演对称性的显著违背，而观测上并未发现这种违背。第13 章讨论了相关话题。目前我们还没有令人满意的量子引力理论，所以还有许多等待当今的和未来的物理学家去做的事情，即便是在标准模型的范畴内。在这个范畴之外还有更多的东西：我们不知道暗物质是什么，也完全不理解暗能量。

为了继续介绍后面的内容，让我们听从王尔德的建议，向哈勃学习，仰头观星，见图 83。

图 83 埃德温·哈勃和位于加利福尼亚威尔逊山天文台的胡克望远镜。
左图来自维基百科，右图由安德鲁·唐恩拍摄。创作共用署名原样分享协议 2.0。

第 24 章
宇宙膨胀

我们在第 6 章中对宇宙进行了简单介绍，在第 6 章和第 17 章中介绍了宇宙微波背景辐射。下一个问题是，关于整个宇宙如何运作，我们了解到了何种程度。

埃德温·哈勃在本科期间主修法律，并且是个出色的足球运动员（见图 83[①]）。但他认为当个天文学家更好（如今时代不同了），于是就用图 83 里展示的望远镜研究星系（当时叫作"星云"）。他证明——与之前的看法不同——这些星云是恒星的集合，与我们所处的银河系类似，并且距离银河系很远。他诗意地把它们称为"星云的王国"，现在我们乏味地称之为可观测宇宙。

对宇宙运行的早期观测活动在哈勃于 1929 年发表后来被称为"哈勃定律"的发现时达到顶点，尽管乔治·勒梅特几年前基于相同的观测数据得出了同样的结果。此外，勒梅特和哈勃用的数据有一部分是由维斯托·斯里弗于 1917 年获得的。第 2 章中已经讨论了这样的现象：在名声方面，发现者是后来居上的。

在图 84 所示的简单原始形式中，哈勃定律把一个星系与我们的距离 d 和它相对于我们运动的速度 v 联系起来：$v=H_0d$，这里 H_0 是哈勃常数。一个星系距离我们越远，它远离我们的速度就越快。这听起来似乎很简单，但在天体物理学里测量及其意义从来都不是这么简单。

---

① 虽然那张图展示的是篮球队。——译注

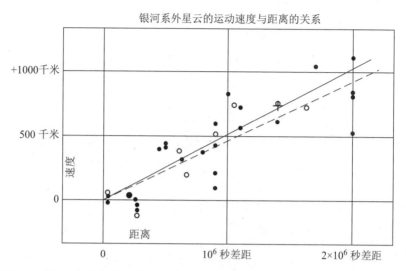

图 84　哈勃发表的文章里的原始图，展示的是退行速度和距离（1 秒差距等于 3.26 光年或者 3.086×10^{13} 千米）。注意数据点相对于直线（代表精确的哈勃定律）的较大弥散。另外，有些近邻星系的速度小于零，它们在朝我们运动。

一些常见的误解

设想你在空无一物的空间中引爆一枚炸弹，它的碎片以不同的速度朝各个方向飞去。下一步，在爆炸之后的时刻 t 拍摄一张这些碎片的照片。被抛出的速度为 v 的碎片与最初爆炸发生地的距离为 $d=vt$。这对不同的 v 值来说都是正确的。因此，碎片与爆炸中心的距离正比于速度，于是速度也就正比于距离：$v=d/t$。

注意，$v=d/t$ 与哈勃定律 $v=H_0 d$ 很像，只需要把 H_0 当成 $1/t$ 即可。使用天文学家喜欢的单位，H_0 的最新测量值大约是 0.0678 米 /（秒·秒差距）。换句话说，$t=1/H_0=144$ 亿年。在炸弹爆炸的类比中，这个 t 表示爆炸发生后过了多久。这个结果跟目前估计的宇宙年龄（$t_0 \approx 138$ 亿年）相当接近。t_0 中的 0 是宇宙学家采用的怪异表达方式，它指的是现在而不是时间的开始（$t=0$）。

这些听上去像是宇宙诞生和膨胀的"大爆炸"理论，但这样的理解几乎完全不对。"大爆炸"这个词是由弗雷德·霍伊尔出于讽刺的目的引入宇宙学的，他不相信宇宙在不断膨胀，也不了解这个词在俚语中的不雅含义。

要想理解宇宙运行机制的细节，需要习惯一些不那么显然的概念。我们先来看一些容易犯的错误。

- 遥远的星系在远离我们，但并不是说它们相对于我们所处的位置朝向远方移动，而是星系之间的空间本身随着时间不断增大。
- 在宇宙的演化历程中，原子和星系在过去达到了一个处于平衡状态的规模。空间的膨胀是相对于这样的固定大小而言的。
- 不存在一个供宇宙诞生的空间。空间是宇宙的一个特性，伴随宇宙而生。因此，大爆炸不是发生于某个特定地点（比如纽约的特朗普大楼）。
- 大爆炸之前不存在时间。时间（更准确的说法是时空）是宇宙的特性，伴随宇宙而生。

宇宙学中的距离和红移

我们无法用卷尺来测量地球到某个星系的距离 d。它是借助各种天体一步一步地估算出来的，比如一些特殊的星体，包括近距离的被称为造父变星的变星，以及远得多的星系中极亮的正在经历爆炸式死亡的恒星（Ia 型超新星）。人们对这些天体的绝对光度（单位时间内发出的能量）理解得相当好。通过跟视光度（单位时间内到达我们的望远镜的能量）相比，就可以估计它们的光度距离 d。

星系相对于我们的速度不能像汽车相对于马路的速度那样进行测量，但可以基于与警察用的多普勒雷达测速仪一样的原理来测量。相关的类似于速度的可观测量是红移。红移衡量的是光子被发射和接收时波长的差异[①]。这个差异可能源于光源与观测者之间的相对速度，或者宇宙的膨胀，或者两者的组合。先搞清楚相对速度，对于理解红移是有帮助的。

如果我们注意听正在远离我们而去的一个钟表的声音，它的嘀嗒声将显得被拉长了。这是因为随着每一声嘀或者嗒的发出钟表的位置越来越远，所以每个嘀嗒声到达我们的耳朵的时间被推迟了（见图 85）。每种颜色的光就像一个钟表，具有一个周期，即光波的两个相邻峰值到达同一个地方的时间差。远离我们的光源发出的光的周期也被拉长了，因此在一个周期内光运动的距离（也就是波长）也变长了。

---

① 我们在这里以及本书的其他地方都使用了一个默认的观测事实，那就是自然规律是"通用"的，即不同地方的自然规律相同。因此，遥远的原子在其所在地吸收和发射光子的特性与实验室里测量出来的一样。

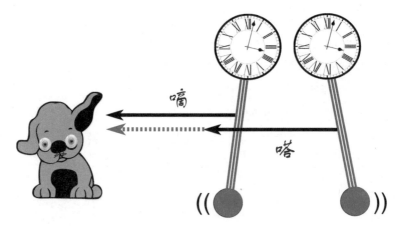

图 85　一个钟表正在相对于听者朝右边运动。从发出到到达听者的耳朵，一个嘀声比接下来的嗒声运动的距离短。听者听到嘀嗒声的间隔（也就是周期）被拉长了，声波的波长（相邻两个嘀声的空间距离）也跟着被拉长了。所有这些对光波也同样适用。

　　以 λ_e 表示一束光的波长，波长一般对应于被观测的星体表面的某个原子跃迁。以 λ_r 表示观测者接收到的波长。如果对图 85 所示的情形进行计算，对于光波①，在 z 远小于 1 的情形下，$z \approx v/c$，v 是光源远离的速度，c 是光速。这时，可以得到 $\lambda_r/\lambda_e = 1+z$。对于声波也是一样的，只需要把光速替换为音速②。

　　对于可见光来说，红光具有最长的波长，因此人们使用"红移"这个词来表示光源远离观测者导致的波长变长。注意，在图 84 中，有些近邻点的红移是负的：这对应着朝我们运动的星系，它们发出的光实际上发生了蓝移。

　　图 86 展示的两个现象对观测到的红移都有贡献。上面的两条线展示的是前面讲到的"初级"红移和蓝移。在宇宙学中，这种红移和蓝移是观测的目标星系与我们自己所处的星系的本动速度（peculiar velocity）导致的。存在一个本地参照系，从其里面看，宇宙背景辐射是各向同性的。本动速度指的是相对于这个本地参照系的速度③。

---

① 对于光波来说，对任何 z 都适用的公式是 $z = \sqrt{(1+v/c)/(1-v/c)} - 1$，这是相对论性多普勒效应。

② 声波与光波的一个区别是，超音速运动的物体可以在你听到它发出的声音之前击中你，但不存在超光速运动的物体。

③ 这个参照系是宇宙中每个位置所处的绝对静止参照系，后面我们还会讲到这个概念。这并不与真空中的相对论矛盾：宇宙不是真空的，宇宙中充满了各种物质，比如宇宙背景辐射。

图 86 的下半部分描述了真正有趣的概念：宇宙学红移。连接遥远星系中的恒星与作为观测者的我们的直线对应于图中的黑色弧线。随着时间（图中的绿线）的流逝，空间被拉长。根据广义相对论，对于在时空中前行的光波，其波长随着时间以与空间本身完全相同的方式伸长。这就好比光波被画在了一根橡胶带上，当橡胶带被拉长时，光波的波长也被拉长了。

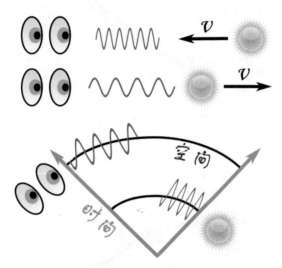

图 86　上面的两条线表示靠近（或远离）的物体会发生蓝移（或红移）。下面展示的是膨胀的空间会拉伸在其中传播的光的波长。发出时波长 λ_e 为 475 纳米的蓝光可能在接收时变成波长 λ_r 为 650 纳米的红光。这对应的红移是 $z = 650 / 475 - 1 \approx 0.37$，空间在光的发射和吸收之间的这段时间里胀大了大约两倍！

星系本动速度为几百千米／秒的量级，对应的红移（v/c）为千分之几的量级。对于超新星来说，观测到的宇宙学红移可以达到 2。基于这些数据，图 87 展示了哈勃定律的一个新版本。其中，横轴是红移，在上图中达到 0.2，在下图中达到 2。纵轴是光度距离。从这张图可以看到，当红移在 0.02 到 0.2 之间时，线性哈勃定律近乎完美，距离与红移成正比。红移小于 0.02 时，宇宙学红移不那么显著，而本动速度的作用比较明显（数据点相对于红线的弥散）。下图展示了红移较大时数据点相对于线性哈勃定律的偏离。

图 87 下部的那些线对应于广义相对论基于几种不同的宇宙物质密度和宇宙常数 Λ 对宇宙总能量密度贡献的比例的选择给出的预言。只有物质密度（暗物质加普通物质）占 30%、宇宙常数占 70% 的模型与数据吻合。我们将在第 27 章的

第一部分更仔细地讨论这些内容。

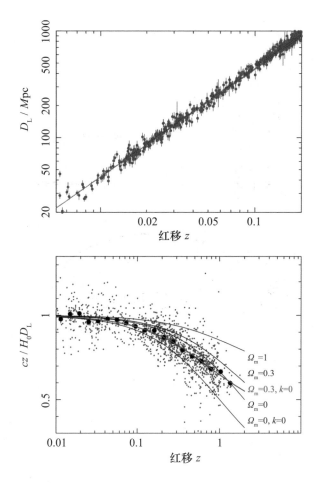

图 87 Ⅰa 型超新星的光度距离和红移的关系。上图：红移远小于 1 时的线性哈勃定律。下图：红移较大时相对线性哈勃定律的偏离。黑点：在每个小的红移区间内的平均观测值。黑线：各种被观测数据排除的关于宇宙构成的模型。红线是观测数据支持的由物质和真空能主导的模型。图片来源：Figure 22.1, p. 357, Partigiani et al. Chin. Phys. C40, 100001 (2016). ©2016 Regents of the University of California and ©2016 Chinese Physical Society and the Institute of High Energy Physics of the Chinese Academy of Sciences and IOP Publishing Ltd.

第 25 章
寻找宇宙化石

距离与红移的关系表明宇宙在膨胀。我们很难接受这种颠覆性的理论，除非其各种预言通过了检验。图 88 是关于宇宙诞生以来最重要事件的一个简图，两个这样的预言就展示在图中。横轴 t 表示自宇宙诞生以来的时间，纵轴 T 表示宇宙的温度，或者更准确地说是宇宙背景辐射的温度。当宇宙膨胀时，T 的值随着时间的推移逐渐变小，即图中的蓝线。

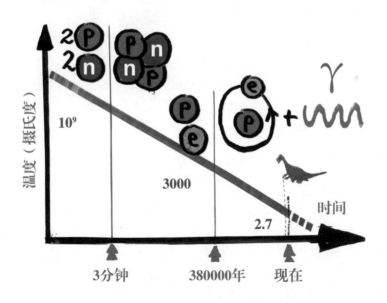

图 88　宇宙诞生以来最重要的事件。从时间零点开始，按时间顺序依次为：原初元素的合成、宇宙背景辐射的释放、恐龙的灭绝。

可以把图 88 想象成一段视频，首先将它快速回放，从"现在"回到时间的开始。从不同种类粒子的数量角度讲，宇宙由光子以及少量普通物质组成，普通物质主要是氢元素（每个光子对应大约百亿分之六个质子或者电子[①]）。对于辐射和物质的运动规律的理解，是我们认识过去所依赖的手段。第一个例子：时间越早，宇宙的物质密度越大，温度也就越高，就像老式的自行车打气筒在打气时会发热一样。

暂时忽略恐龙灭绝[②]以及类似的灾难，通过时间回溯，我们看到的第一件事是原子的温度（也就是它们的动能）升高到让氢原子在碰撞时会被破坏的程度。氢原子变成质子和电子。几乎与此同时，这样的等离子体对宇宙微波背景辐射变得不再透明——在那个时候，宇宙微波背景辐射的温度接近太阳表面的温度。物质和辐射达到热平衡。

当我们回到宇宙年龄小于几分钟的时候，比氢原子核重[③]的原子核在碰撞后碎裂成质子和中子。我们还没让这个视频退到更早的时代，一般认为宇宙的不均匀性是在那个时代产生的。

当视频按正常时序播放时，图 88 展示的历史会更有趣。当宇宙的年龄为几分钟、温度大约为 10 亿摄氏度时，以前已经存在的质子和中子合并成原初元素。较重的原子核要到很久之后才在超新星爆发中产生，更重的元素在中子星并合过程中产生。原初元素包括 ^4He（也就是包含两个质子和两个中子的氦 −4）以及氘（p, n）、^3He（2p, n）、^7Li（3p, 4n，锂 −7）。产生的其他物质还包括氚（p, 2n），但不稳定。

宇宙中原初元素的平均含量在它们产生出来之后会发生变化。恒星会产生 ^4He 并破坏 ^7Li。所以，原初元素相对于氢元素的比例并不容易导出。虽然如此，但数据跟大爆炸宇宙学的预言一致，见图 89。考虑到这些比例跨越了 9 个数量级，这已经算得上完美符合了（^7Li 除外）。膨胀宇宙的理论是正确的。

---

① 对于这里的讨论，我们可以忽略暗物质和宇宙常数。

② 准确地说，不是所有恐龙都灭绝了，有些恐龙演化成了鸟类。

③ 更准确的说法是质量更大，而不是说更重。那时宇宙几乎是均匀的，重量的概念没有意义。

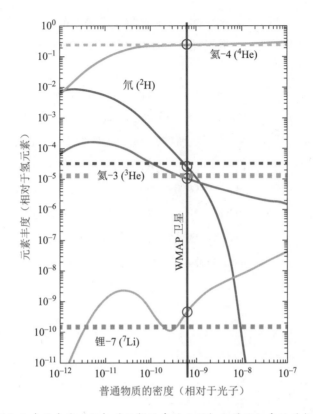

图89　原初元素的丰度（即相对于氢元素的比例）和质子加中子的数量与光子数量（由微波背景辐射光子主导）的比值的关系。红线是NASA发射的WMAP卫星对这个比值的测量结果，实线是对前述关系的理论计算。圆圈是根据测量出的比值预言的元素丰度，虚线是观测到的相对丰度。经NASA许可使用。

当我们进一步让视频按时间顺序播放到宇宙年龄为38万年的时候，就到了宇宙学家称为复合时期的阶段。这个时期，电子和原子核结合变成原子。事实上，它们以前从未在一起过，但宇宙学家喜欢使用让人迷惑的术语[1]，这点跟粒子物理学家可以一较高下。

在20世纪40年代中期，乔治·伽莫夫和罗伯特·狄克等人预言了复合过程会伴随光子的闪光，也就是宇宙背景辐射。它们应该能存在至今，成为微波背景辐射。起初科学家对当前微波背景辐射温度的估计是5～50开（1开＝零下272.15摄氏度）。这是大爆炸宇宙学的第二个了不起的成就，即对宇宙中数量最

---

① 还有一种说法：他们经常出错，但从不怀疑。

多的东西的预测。事实上，从观测到的粒子数量来说，光子的数量超过所有其他已经确定的宇宙组成部分。我们还未能直接探测到宇宙中微子，它们也是膨胀宇宙的化石。

图 88 中展示的最后一个事件是恐龙在我们地球上的消失，这发生在大约6500 万年前。在宇宙的时间尺度上，这是个很短的时间，那时候宇宙的年龄是现在年龄（138 亿年）的 99.5%。复合时期和核合成时期可能听上去更像童话故事："很久很久以前……"它们对应的是宇宙的婴儿时期和新生儿时期，分别是宇宙当前年龄的十万分之二点七（2.7×10^{-5}）和一亿亿分之四点一（4.1×10^{-16}）。

对于西班牙人（除了特别年轻的人之外）来说，最后的恐龙死于 1975 年 11 月20 日；或者说，至少我们曾经是这么认为的。到了 21 世纪，最后的恐龙是"大元帅"弗朗西斯科·佛朗哥这件事变得不再显而易见了。

第 26 章
宇宙中的反物质在哪里

我们已经多少提到过，测量到的质子和中子 [①] 的数量与光子数量的比值 η 约为 6×10^{-10}，也就是图 89 中的红线，当时并未对这个数字做过多的解释。宇宙中的普通物质由原子组成，原子的核心由重子（包括中子和质子）组成。η 称为重子 - 光子比。

勇敢而警觉的读者可能要问：为什么我们只讨论了宇宙中的物质和辐射？如果物质和反物质的性质几乎一模一样，为什么宇宙不包含同样数量的反物质？如果宇宙确实包含相同数量的物质和反物质，为什么它们没有湮灭，形成一个只包含光子的宇宙？ [②] 简而言之，我们为何存在？

对这些问题的简单回答是：出于某种原因，宇宙恰好以这种奇特的方式诞生，导致每 17 亿个光子对应一个重子，而没有一个反重子。

这正是令科学家们觉得不体面、不喜欢且完全不满意的那种答案。从更学术的角度讲，这样的答案让反物质的问题显得更严重了。温度就是动能。若温度足够高，比如比电子静止质量对应的能量更高，原初等离子体中各种组分之间的碰撞必定产生相当数量的正电子以达到平衡状态。只要温度足够高，正电子和普通电子的数量就相等。

温度更高时，上述论证还会扩展到反质子、反中子以及各种夸克和反夸克等。

---

① 质子和电子的数量相等，否则它们的电荷总量将不为零，导致巨大的宏观电磁力与万有引力竞争，而实际上这样的宏观电磁力并没有被观测到。

② 宇宙中必须存在大量的中微子，但它们难以探测到。我们尚不清楚宇宙中的中微子和反中微子的数量是否相等。

除了可能差几个可以计算的接近 1 的因子之外，光子与各种物质和反物质粒子的数量基本上是相同的。当然，不完全相等。粗略地说，对于 17 亿个重子，必定有 17 亿减 1 个反重子。如果是这样，当几乎所有的物质和反物质湮灭后，剩下的普通物质与光子的比值正好是观测到的数值。

令人惊讶的是，上一段不讨人喜欢的说法是目前被人们接受的理论。一个补充条款使其避开了科学家们的怒火：普通物质和反物质之间极微小的不对称不是手工放入的，而是宇宙从一个令人愉悦的初始状态通过演化的方式产生的。在这个初始状态中，重子和轻子的数量为零。重子数定义为重子与反重子数量之差，轻子数也是同样定义的。

有许多关于如何通过演化的方式让宇宙的普通物质超过反物质的理论。它们有一些共同特征，比如一个显然的特征是重子数守恒不再是自然界的精确定律（而不像电荷守恒那样）。这些理论中没有哪个比别的更好，也没有哪个给出了被成功检验的预言。因此，我们就不仔细讨论这些理论了。

关于宇宙由普通物质主导这一点，一种不那么吸引人的理论说宇宙包含很大的区块，这些区块中的一些由普通物质组成，另一些由反物质组成。我们确信的一点是，可观测宇宙不是这样的。如果真如这个理论所说，那么在区域边界处普通物质和反物质就会发生湮灭，在天空中形成"缎带"。在宇宙背景辐射中我们没有发现这样的痕迹。关于反物质，我们就谈这么多，下一章回到宇宙背景辐射。

第 27 章
再谈宇宙背景辐射

得益于健康的国际科学竞争以及一系列成功的地面观测和卫星观测，我们对宇宙微波背景辐射（简称宇宙背景辐射）的测量已达到了惊人的精度。一个例子是：宇宙背景辐射的光谱（以强度作为频率的函数）是一个完美的热辐射谱，任何实验室的测量结果都不可能做得更好。当前宇宙背景辐射的温度是 $T_0 = （2.7255 \pm 0.0006）$ 开。COBE 卫星给出的光谱展示在图 90 中。

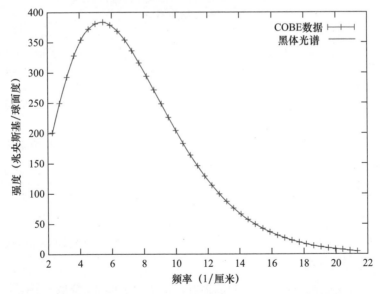

图 90　宇宙背景辐射的完美热辐射光谱形状。热辐射指的是具有特定温度的理想黑体发出的辐射。经 NASA 许可使用。

图 91 展示了 WMAP 和普朗克两个卫星给出的宇宙背景辐射全天图。它们的中心指向银河系中心，图像覆盖了整个天球，上下分别为 90 度，左右为 180 度。图 91（a）中间的窄带是我们所处的银河系发出的背景辐射。

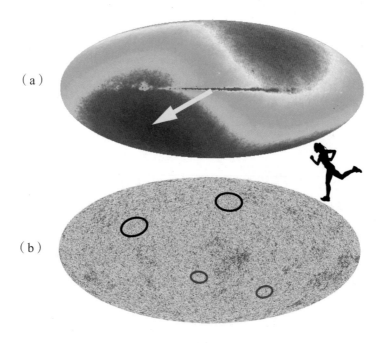

图 91　宇宙背景辐射图像。在图（a）中，偶极分布占主导，银河系也很明显；图片版权归 NASA/WMAP 所有。图（b）中减掉了偶极分布和银河系的贡献，显示出宇宙背景辐射的真正内禀各向异性。黑色和红色椭圆表示两种角尺度；图片版权归欧洲空间局（ESA）和普朗克合作组织所有。

图 91（a）中较热的蓝色和较冷的红色区域组成的偶极模式是由银河系相对于绝对静止参照系的运动（也就是我们自身的运动）造成的。这个运动沿着图中箭头所指的方向进行，速度大小约是光速的千分之一。在绝对静止参照系中，宇宙背景辐射几乎是各向同性的，也就是在不同方向上几乎一样。类似地，如果你像图中的小女孩那样在一个无风的天气里奔跑，你的脸将感受到有风吹过，这是因为空气分子迎面撞击你的力度更大。

图 91（b）是减去银河系自身的辐射和偶极部分的背景辐射全天图。现在剩下的各向异性（较蓝或较红的点）仅为平均温度（$T_0 \approx 2.7$ 开）的十万分之一的量级，宇宙背景辐射在所有方向上确实近乎相同。据观测，微波光子从复合时期

发射出来到现在红移了 1100。

考虑一个振动的圆环，有两种方法分析它如何振动。比较容易的方法是敲击它，记录它发出的声音，研究它的不同频率。这样会听到基波和谐波。基波对应于整个环在某个方向上被拉伸或压缩，如图 92（a）所示。谐波对应于具有更多波峰和波谷的振动，如图 92（b）所示。

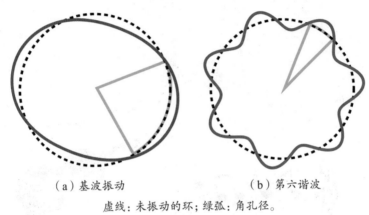

（a）基波振动　　　　　　　　（b）第六谐波

虚线：未振动的环；绿弧：角孔径。

图 92　振动圆环分析图

分析圆环振动的另一种方法是靠看而不是听。拍一张快照，研究其中的结构。观察不同长度（或者相对于中心的张角）的圆环分段，它们相对于静止状态下的圆环偏移了多少？这个问题的答案是以功率作为角尺度的函数。特定角尺度的功率通过对形变圆环 [图 92（a）、（b）中的蓝线和红线] 相对于无形变情形（虚线）的偏移量的平方取平均值得到。

以宇宙背景辐射快照①中的各向异性作为角尺度的函数是二维的，除此之外，它跟前面圆环的例子类似——当然不可避免地更复杂一些，因为宇宙背景辐射的不规则性是随机分布的，而不像图 92 那样完美地组合起来。角尺度（或大小）追踪围绕天空中某个方位的圆形区域不断移动，以覆盖整个天空，得到每个方位的功率，然后取平均值，得到以功率作为角尺度的函数。图 91 中给出了两个这样的尺度，一个标记为黑色，一个标记为红色。如果采用图 13 所示的那种球形

---

① 宇宙背景辐射图确实是快照。宇宙背景辐射不是来自一个理想的薄面，而是来自越来越不透明的"橙色皮肤"，大约有 1 万光年厚。粗略地说，1 万年后收到的宇宙背景辐射将比现在收到的远 1 万光年，那时候宇宙背景辐射的快照会不一样。

投影，则会呈现为圆形而不是椭圆。图 93 给出了以测量到的宇宙背景辐射功率作为角尺度的函数。

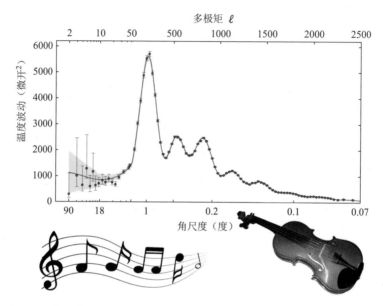

图 93　红点：普朗克卫星给出的以宇宙背景辐射的功率作为角尺度的函数；绿线：暗能量冷暗物质（ΛCDM）模型对数据的拟合结果，第 29 章的第一部分描述了这个模型。版权归 ESA 和普朗克合作组织所有。

宇宙背景辐射各向异性的分析

当你聆听一个乐器发出的声音时，你不需要看它就能知道是什么乐器，比如图 93 中的小提琴。如果那是一支笛子，你甚至凭耳朵就能知道它是用木头还是用金属做的。你的大脑所做的声音分析主要基于基波和谐波的相对强度。宇宙背景辐射的各向异性源自物质分布的振动。

我们很难轻描淡写地表述人们对图 93 的理解所带来的影响：它们是对我们的知识以及对我们的无知的最美妙概括之一。关键点在于，通过基波振动（对应的角尺度约为 1 度）以及谐波（约 1/2 度、约 1/3 度等）的大小和位置，我们可以得到宇宙的组成以及空间的平坦度。这些都是让人极为吃惊的。

对图 87 和图 93 的仔细分析需要宇宙模型。以前描述的旧大爆炸模型有一些缺陷是可以通过暴胀模型解决的，我们将要介绍这一点。为了激发读者兴趣，我们先来看看这些模型对宇宙的整体性质有哪些推测，见图 94 和表 1。

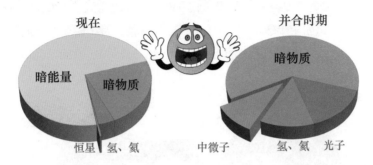

图 94　宇宙主要组成部分的能量密度构成。左边是现在的情况，右边是
并合时期的情况。不同成分的密度随着宇宙的膨胀按照不同的方式演化。
制造我们宇宙的"菜单"确实很不平凡。

表 1　冷暗物质（ΛCDM）模型中描述宇宙的参数的近似值

H_0	67 千米 / 秒	$\lvert \Omega_0 - 1 \rvert$	< 0.007
ρ_c^0	⇔每立方米 5 个氢原子	Ω_Λ	0.7
t_0	13.8109 年	Ω_m^0	0.3
T_0	2.7255 开	Ω_{0m}^0	约 $\Omega_m^0 / 6$
z_R	1100	Ω_r^0	5.5×10^{-5}

注：实际能量密度与临界能量密度的比值记为 Ω，例如真空能是 $\Omega_\Lambda = \rho_\Lambda^0 / \rho_c^0$，而 Ω_m、Ω_{0m} 和 Ω_r 分别表示总物质的能量密度比、普通物质的能量密度比和辐射的能量密度比。

　　图 94 左边的宇宙饼图意在指出，从平均能量密度的角度讲，宇宙的主要组成部分是我们了解得非常少的物质——暗能量和暗物质。普通物质主要以氢气和氦气的形式存在，恒星只是其中的一小部分，行星完全可以忽略。

　　在表 1 中，如同通常使用的符号一样，下标 0 表示当前的情况。只有复合时期的红移 z_R 针对的是过去。我们已经讨论过哈勃常数（在空间上是常数，在时间上不是）、宇宙年龄 t_0 和宇宙背景辐射温度 T_0。

　　我们对宇宙的理解基于图 1 中给出的爱因斯坦场方程[①]。这个方程指出，宇宙所包含的成分塑造了时空的结构。临界能量密度是一个特别的能量密度，其当前

---

① 准确地说，是基于爱因斯坦场方程的均匀各向同性解，称为 FLRW，它是弗里德曼（Friedman）、勒梅特（Lemaître）、罗伯森（Robertson）、沃克（Walker）几个人名的缩写，他们最早发现了这个解。

的取值大致相当于每立方米包含 5 个氢原子（而不包含其他任何东西）。所有各种"东西"加起来的总平均能量密度与临界能量密度的比值记为 Ω，实际检测表明，在很小的误差范围内 $\Omega=1$[①]。对于这样的临界值，每个时刻的空间都是平坦的[②]。对于 $\Omega > 1$，空间的几何形状是封闭的；对于 $\Omega < 1$，空间的几何形状是开放的，如图 95 所示。

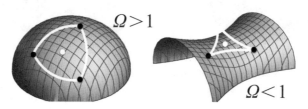

图 95　封闭有限和开放无限的二维曲面。

宇宙的命运类似于图 96 中的蓝球。假设我们从位置 1 将它朝右边扔，并且希望它不要掉到黄色穹顶的蓝色临界线的任何一边，那么就需要投球者的技术超群，因为任何一点差错都会导致球掉到一边去。

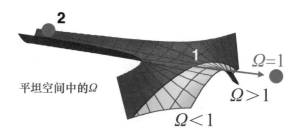

图 96　在 Ω 为 1 的宇宙中归一化的总密度 Ω 沿着临界蓝线演化的归宿。从位置 1 出发的球会落到 Ω 不等于 1 的一侧，除非投球者能让球从位置 2 沿着狭长的谷底经过暴胀阶段（红色部分）精确地到达 Ω 为 1 的状态。

谢天谢地，我们的宇宙差不多就处于临界状态。因为如果不是，我们就没有机会存在。略微超过临界能量密度（比如在原初核合成时期）的宇宙如今将会像

---

① 不同的观测量（比如宇宙微波背景和哈勃图）给出的宇宙学参数（如 H_0 和 Ω_Λ）的值相互一致。出于惯有的戏剧化特性，宇宙学家们将这个基本的科学要求称为"宇宙一致性"。

② 平坦空间里三角形的 3 个内角的和为 180 度。对于封闭几何图形，三角形内角和大于 180 度；对于开放几何图形，则小于 180 度。因此，我们不需要走"出"空间（比如在图 95 中走到空白部分）就能判断其几何类型。

图 96 里的球那样落到 $\Omega > 1$ 的一边。这意味着很久以前有一次灾难性的大挤压。略微比临界能量密度低的宇宙会快速膨胀，普通物质没有机会汇聚形成星系、恒星、行星……也就不会有人类。

图 97 也强调了临界宇宙这一想法的怪异特性。一个棒球运动员用尽全力投出一个质量为 m 的球。如果他站在一颗小行星上，那个球就会逃逸出引力场，经过无穷的时间之后仍然以速度 v_∞ 飞行。如果他站在地球上，球就会掉回来，就算他用尽全力。只有在一颗质量为 M、半径为 R 的行星上，而且球表面的引力势能 GMm/R 精确地等于投球动能的临界情况下，球才会停在 v_∞ 为 0 处。这简直是荒唐的巧合。

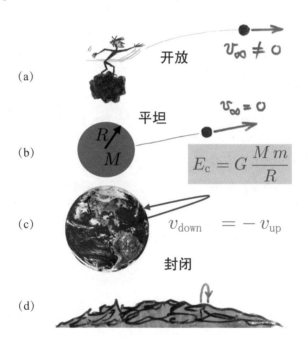

图 97 （a）亚临界小行星或开放宇宙，$\Omega < 1$。（b）临界迷你行星或平坦宇宙，球的动能等于其表面的引力势能，$\Omega = 1$。（c）超临界行星地球或封闭宇宙，$\Omega > 1$。（d）更大的岩石行星。地球图片来自雷托·斯托克利、纳兹米·埃尔·萨利厄斯和马里特·詹托夫特－尼尔森，版权归 NASA GSFC 所有。

第 28 章
"旧"大爆炸理论的问题★★

为什么宇宙诞生或者被制造出来的方式刚好使宇宙处于临界状态，就像图96所展示的那样？有人认为，这就提出了一个问题[①]。这种临界性是"旧"大爆炸理论的第一个问题。第二个问题是"因果性"：为什么宇宙在复合时期像图91所示的那样均匀？

先概括一下下文中关于因果性的令人迷惑的讨论：我们观测到的宇宙背景辐射 [见图 91（b）] 在十万分之一的精度内在所有方向上都是均匀的。但是，在复合时期（也就是辐射发出的时期）能达到热平衡的区域对应的张角大小只相当于圆周的七十分之一。它们的温度"应该"是不相关的，但实际上并非如此。

为了讨论因果性，一个比较方便的方法是考虑具有二维空间的封闭宇宙，见图 98。这个宇宙是图中球体的二维表面，球面上方和下方的区域都不存在。图 98（a）中箭头所标记的第三维只是一个（非常有用的）数学辅助。比如，它让我们可以把宇宙随着时间的膨胀想象为"半径" $a(t)$ 随着时间的增大。两个星系（图中的星形符号）之间的"角距离" χ_{12} 在"气球"膨胀时保持不变，被拉长的是星系之间的空间距离。

在图 98（b）中，我们看到了当前时刻 t_0 的宇宙。位于绿点处的观测者 O 看到过去发出的宇宙背景辐射，这些背景辐射发出的位置在当前时刻构成图中的紫

---

① 半开玩笑地，我曾经希望能有宇宙学家讨论人择原理。这个原理的强形式是，事物是这个样子的，因为只有这样我们才能存在，并看到事物是这个样子的。

色圆圈。信息从这个圆圈上的每一点以光速传播到 O 点，张成大小为 χ_0 的角距离，这是在时刻 t_0 存在因果联系（也就是以不超过光速的速度交换信息）的两个地方的最大角距离。从红点 1 发出的宇宙背景辐射光子在更早的时刻到达 O，而从红点 2 发出的光子将在未来到达 O。我们再一次遇到这个观念：宇宙比我们看到的更大。

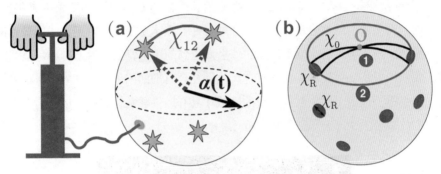

图 98　一个大小为 $a(t)$ 的二维膨胀宇宙，仿佛有什么东西在把它吹胀一样。（a）两个星系之间的角距离 χ_{12} 不随时间变化，但它们之间的空间距离正比于 $a(t)$，因此空间距离随着时间变化。（b）每个红色区域的内部在产生宇宙背景辐射的复合时期具有因果联系（在"旧"大爆炸宇宙学中）。它们各自有一个温度。观测者 O 现在看到的是来自更大的、没有因果联系的紫色圆圈的宇宙背景辐射。为什么这些辐射的温度都一样？

从我们这个二维宇宙的诞生到物质复合形成原子并发出背景辐射的时刻 t_R，光子只走过了大小为 χ_R 的一个角距离。由于 t_R 远小于宇宙当前的年龄 t_0，角距离 χ_R 远小于 χ_0。在图 98（b）中，红点内部的物质相互之间在复合的时刻有因果联系。红点这么大的区域"有权利"发出辐射，使 O 看来具有相同的温度。但是，对于相距更远的两个点，比如在 O 看来位于两个相反方向上的点，它们是没有办法一起决定具有相同温度的。但在观测上，它们做到了这一点。这就是我们对因果性问题的详细阐述。

与图 96 和图 97 描述的临界性或平坦性问题类似的是，因果性问题带来了令人烦恼的初始条件问题。为了在诞生时就具有因果联系，图 98 中的宇宙必须从一开始就是均匀的：当时间 t 非常接近零时，整个空间必须具有相同的性质，尽管在那个时期"有权利"具有因果联系的区域的大小也只是整个原初宇宙的极小一部分。对于一个物理学家而言，这样随意设定一个极其怪异的初始条件会令其感到厌恶、恼火、困惑、痛苦、难受、厌烦、恶心、反感，以及词典中列出的烦恼的其他同义词和近义词。

在理解"某个"宇宙时遇到的不熟悉观点会在研究我们自身所处的宇宙时变得更奇怪。由于观测到的 Ω 非常接近 1，宇宙的空间近乎平直。对于 $\Omega > 1$ 但很接近 1 的情况，宇宙的空间近乎无限。对于 $\Omega < 1$ 的情况，宇宙是无限的，这是一个只有哲学家（而不是科学家）才会害怕的观点。

图 99 给出了宇宙空间的一个二维截面。我们能看到的区域被表示成灰色，我们尚未看到的区域被表示成黑色并往外延伸。在未来的某个时刻，我们最远能看到绿色的视界 $t_>$。当前位于蓝点的外星人看到的宇宙背景辐射来自蓝色虚线区域。我们的背景辐射视界上面的红色斑块是复合时期的因果联系区域。再重复一次，只有小于或等于这些红色斑块的区域才具有因果联系，因此可以发出具有相同温度的辐射。这与观测结果相矛盾。

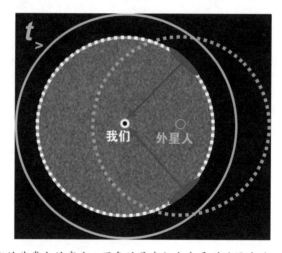

图 99 我们的非常大的宇宙。黑色的是我们尚未看到的区域的一小部分。当前到达我们的宇宙背景辐射来自图中的白色虚线圆圈，其内部的灰色区域是宇宙可观测的一小部分。外星人看到的是一个不同的区域（位于蓝色虚线内）。地球上未来的宇宙学家将能看得更远，最远可达 $t_>$。在"旧"大爆炸模型里，不同的红色区域在宇宙背景辐射发射出来时是没有因果联系的。

第 29 章
暴　胀

为了回答我们前面提出的问题，只需要给出很好的理由来解释以下两个问题。

- 为什么宇宙是平坦的，或者说是临界的，即在很高的精度上，$\Omega=1$？
- 为什么宇宙背景辐射非常均匀——在所有方向上都几乎一致？

一石二鸟极其简单（事后看来）。另外，作为"赠品"，名为暴胀理论的解决方案给出了美妙的预言并最终被证实。在暴胀理论的具体模型中，并没有哪个比其他的更有力、更成功或者更优美。它们都需要做出某种选择，以给出能让人接受的结果。因此，我们不讨论具体的模型，只讨论它们共有的一些特征。

如果宇宙的平均能量密度来自真空的贡献 Λ，图 1 中爱因斯坦场方程的解将会是暴胀的，也就是尺度因子 $a(t)$ 随着时间的推移演化得越来越快，呈指数式增长[①]。这个想法在 20 世纪 80 年代早期刚被提出来时[②]显得过于超前。但现在我们知道，宇宙此时此刻正在暴胀！图 94 左边的宇宙饼图表明了这一点，对膨胀速率的直接测量也证明了这一点：当今宇宙中真空能量密度占主导。

宇宙中不同物质对能量密度的相对贡献随着时间的推移不断演化[③]，参见图 94 中的不同饼图。暴胀范式指的是这样一种论点，即认为原初宇宙在早期的很

---

① 对于物质主导的宇宙，$a(t)$ 的增长要慢得多，正比于 $t^{2/3}$；对于辐射主导的宇宙，$a(t)$ 正比于 $t^{1/2}$。

② 由阿列克谢·斯塔罗宾斯基、艾伦·古斯、安得烈·林德、保罗·斯坦哈特、维亚切斯拉夫·穆哈诺夫等人提出。暴胀理论之父众多，而且很难区分他们各自贡献的大小。

③ 物质对能量密度的相对贡献 ρ_m 等于质量除以体积。质量不随时间变化，体积按照 $a^3(t)$ 随时间增大，所以 $\rho_m \propto a^{-3}$。对于辐射，其自身能量也随着时间按照 $1/a(t)$ 衰减，因此，$\rho_r \propto a^{-4}$。宇宙常数 Λ 的贡献是……常数。

短但不是零的时间（大约 10^{-32} 秒）内由真空能量主导，接着经历了暂时性的暴胀阶段。图 100 展示了宇宙的两次暴胀历史。

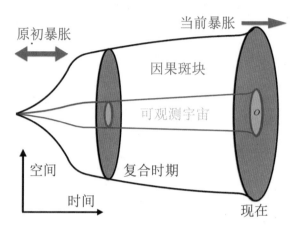

图 100　宇宙空间的两次暴胀。在两者中间是更常见的膨胀。红色的因果联系区域远大于灰色的可观测宇宙。

在原初暴胀中，宇宙扩张了很多个数量级。我们所能看到的微小部分如同粘在一个巨大球体表面的小纸片，几乎是平坦的。根据广义相对论，平坦和临界（$\Omega=1$）是等价的。因此，暴胀发生作用的方式类似于图 96 中的那个通过谷底的长通道。

仔细比较对应于"旧"大爆炸理论的图 98（b）和图 99 的结果以及对应于暴胀理论的图 100 的结果，我们会发现一个关键的不同。在图 100 中，红色的因果联系区域大于可观测宇宙，而不是相反。这是广义相对论的一个推论，而不是绘图错误。事实上，暴胀解决了因果性疑难问题，也就解释了为什么宇宙背景辐射如此均匀。

我还没有说暴胀是如何解决这些问题的，原因在于广义相对论描述的膨胀宇宙中的因果性观点比在狭义相对论中描述的静态宇宙的要晦涩得多。准确的解释很难理解[1]，关键是相当无聊。如果你对所有这些关于空间随着时间演化的想法有

---

① 一个很粗略的解释是这样的：在足够大的角距离上（且不违反因果性），空间本身的增长可以比光速更快。在暴胀过程中，最初有因果联系的区域就经历了这样的快速增长，让因果联系的信息"冻结"下来。在暴胀之后，这些区域的膨胀速度比视界的增长速度慢。我们的视界就在一个因果区域内。

一点点兴趣，可以看看图 101。

图 101　弗朗西斯科·德·戈雅创作的铜版画《理性沉睡心魔生》，
我们对其略加修改，以与爱因斯坦说过的一句话联系起来：人们逐
渐接受了空间的物理状态就是终极物理事实的观点。

　　宇宙背景辐射不是毫无特征的，宇宙中的物质也不像气体那样完全均匀分布
（只有在很大的尺度上宇宙看起来才是均匀的，比如具有相同的物质密度）。乍看
起来，似乎在暴胀理论中宇宙背景辐射没有各向异性，也不会有星系、恒星、行
星乃至人类。可是事实上，我们很快将看到暴胀触发了它们的存在。

暴胀理论的预言

　　在宇宙的暴胀模型中，关键角色是一个依赖时间的标量场（自旋为零），记
为 $\Phi(t)$，称为暴胀子，有点类似于第 22 章开头讲到的希格斯场。在暴胀阶段，
$V(\Phi)$（Φ 的能量密度）充当了临时的宇宙常数，让宇宙发生暴胀。随着时间的流

逝，$\Phi(t)$ 这个场像球一样"滚下来"（见图 102），到达 $\Phi=0$ 处的极小值，并且 $V(0)=0$（你现在也许已经发现物理学家喜欢滚球）。

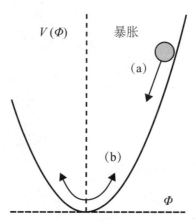

图 102　暴胀场 Φ 在暴胀和再加热阶段先滚下（a），然后振荡（b）。$V(\Phi)$ 是暴胀势的一个例子，描述 Φ 如何与自身相互作用。

在停下来之前，$\Phi(t)$ 随着时间振荡，将其能量用于创造所有充满宇宙的暗物质和普通物质粒子。宇宙巨大的熵（其包含的所有粒子的状态数的对数）从其初期令人愉悦的极简状态演化而来。粒子产生的过程称为"再加热"，尽管在那之前没有什么东西必须是热的（我们再一次看到了宇宙学家定义的令人迷惑的术语）。

暴胀理论最好的预言是关于观测到的宇宙背景辐射各向异性的起源和性质的。$\Phi(t)$ 的量子涨落产生了这些各向异性，并且在暴胀阶段被拉伸到宇宙尺度。它们极其随机（服从高斯分布），没有特别的尺度，具有某种偏振[①]，这些都与观测一致。

图 93 中的波峰被称为"声学的"，因为它们与原初普通物质等离子体的声波振荡速度有关[②]。图 93 中主谐波的角尺度为 1 度，对应于复合时期声波能传播的距离，这是能进行一致振动的等离子体的最大团块，此后它们会变成没有什么相

[①] 这里指的是 E 模偏振。另一种被预言但尚未被确切观测到的是 B 模偏振，与暴胀阶段的引力波有关。

[②] 在三维相对论性等离子体中，音速是 $c/\sqrt{3}$，这句话里的两个 3 是同一个。（意即对于二维相对论性等离子体，音速是 $c/\sqrt{2}$，而对于一维情形，音速等于光速。——译注）

互作用的气体。这些曾经振动的点是宇宙中被确认的最大物体：最大的"东西"。它们由暴胀场的量子涨落产生。所以量子力学不仅描述最小物体（基本粒子）的行为，也描述最大物体的行为。

　　是时候解释表 1 中的奇怪缩写 ΛCDM 的含义了。它指的是宇宙由宇宙常数 Λ 和冷暗物质（Cold Dark Matter, CDM）主导。暗物质仅通过万有引力与普通物质相互作用。"冷"指的是组成暗物质的假想粒子的温度（即动能）相对于它们的质量（利用质能关系式 $E=mc^2$）可以忽略不计。

　　宇宙学家经常把包括图 93 中的绿线在内的一些结果作为暴胀理论的预言，其实它并不是。那是对 ΛCDM 理论的一种拟合，其中多个参数是被拟合程序固定了的。另外，数据的总体趋势在 1970 年由泰德·哈里森、吉姆·皮布尔斯（2019 年诺贝尔物理学奖得主）等预言了，这比暴胀理论的诞生早得多。当然，这些不影响暴胀范式的极大成功。

第 30 章
标准模型的局限和奇异之处

宇宙学的 ΛCDM 模型作为广义相对论的一道"习题",已经成为"标准",与基本粒子及其相互作用的标准模型类似。ΛCDM 模型的批评者指出,图 102 中暴胀子的势函数形态的初始条件必须被精细调节,以使模型有效并符合各种观测事实,比如图 93 所示的小幅温度涨落。我们在宇宙的各种配方组合中恰好生活在符合这一涨落结果的时代,这一事实也可以被认为是"不自然"的,且不论"不自然"的定义是什么。

粒子物理的标准模型也有一些被认为不自然的特征,其中主要的一个是没有一个自动的机制让希格斯玻色子像测量到的那么轻[①]。基本费米子的质量范围也"不自然"得令人吃惊:顶夸克的质量大约是电子质量的 3.4×10^5 倍。另外,为了拟合数据,粒子物理标准模型的自由参数比宇宙学标准模型更多。

在发现希格斯玻色子之后,经常有人说粒子物理标准模型已经完备了。不是的。这个模型还预言了一种中性、自旋为零、质量轻、相互作用很弱的粒子,称为轴子。轴子也是暗物质粒子的可能候选者。到目前为止,轴子还没有被探测到,尽管已经有很多方法各异的出色尝试(其中之一展示于图 103 中)。

[①] 这是与普朗克质量相比而言的。普朗克质量 $M_P = 1/\sqrt{G} \approx 1.22 \times 10^{19}$ 吉电子伏,约是希格斯粒子质量的 10^{17} 倍。标准模型本可以很"自然地"让希格斯粒子的质量与普朗克质量接近。

图 103　CERN 的 "磁望远镜"（CAST），用于搜寻太阳发出的轴子。在磁性装置内，轴子将变成能被探测到的光子。经 CERN/CAST 许可使用。

　　不得不承认，尽管有上面说的这些问题，标准模型（虽然可能被认为不完备、不自然）却给出了对自然界令人惊异的准确描述。个人看来，它们的局限性只不过为未来提供了进展的空间。

第 31 章
基本相互作用的离散对称★★★

转动是"连续对称的"。你可以将一个圆转动任意一个角度,它看起来还是一样的,即它是转动"不变的"。而对一个正方形来说,只有在你转动特定角度的时候它才不变,比如90度、180度等。这种不连续的对称叫作"离散的"。我们这里讨论3种情况和它们的一些组合。

有些让人吃惊的是,标准模型的离散对称性不是那么容易理解的,它涉及一些人们不熟悉的、与相对论和量子力学相关的观念。没有立刻跳到下一章,而是敢于继续读下去的读者可能会发现理解起来有点吃力,但是肯定值得奖励一个 A^{++}。

宇称是将一个物体和它的镜像联系起来的一种操作,像图104中的人像。如果你是左撇子,你能镜像成右撇子并正常工作吗?答案是肯定的。因为现在弱相互作用在你的"工作"模式中并不起作用。[1]其他的基本相互作用都是宇称守恒的,但是弱相互作用是最大化的宇称破缺。

假设宇称的对称性成立,一些带电 K 介子($s\bar{u}$ 和它的反粒子 $u\bar{s}$)的弱衰变看起来似乎是不可能的。这个实验在 20 世纪 50 年代中期就完成了,结论似乎是不言而喻的。李政道和杨振宁破解了 K 介子衰变的谜题并预言了在弱相互作用宇称破缺情况下的其他特殊效果,这在当时是革命性的一步。吴健雄和她的合作者第一个做了实验,证明了李政道和杨振宁是正确的。

---

[1] 我们的氨基酸是左手性的,而我们的糖分子是右手性的。关于基本相互作用是否在宇称破缺上触发了什么作用,目前还没有明确的定论。

图 104　吴健雄、李政道、杨振宁和他们的镜像。你无法分出谁是"真的"，但是自然可以。图片来源：吴健雄和李政道，维基百科；杨振宁，nobelprize 网站。

　　这一章最高潮的地方来了。记住每章标题后面星号的数量表示这一章的难度。这一章有 3 个星号！这里要解释的是，粒子和反粒子的关系可能比大家印象中的密切得多，比如基本粒子和反粒子具有相反的电荷（或者相反的色荷），还有一个粒子可以和它的反粒子发生作用，互相湮灭，把它们所有的能量（包括它们的静止质量）转化成更轻的粒子的能量，就像电子和正电子对转化成光子的反应一样，参见图 23。新的内容在于中微子虽然是电中性的，但它可能会以另一种方式与反中微子相区别。这与电荷无关，而与运动方式和自旋有关。

　　一个电子的"狄拉克式"量子场描述了 4 种东西：自旋为上和下的电子，以及自旋为上和下的正电子（当沿着某个给定方向测量时，一个自旋为 1/2 的粒子只有自旋上或自旋下）。一个自旋为上的粒子在向"上"运动时携带了比其质量大得多的能量，其自旋沿着运动方向的投影叫作"手性"（chirality，来自希腊语中的"手"）。

　　一个左手性的粒子是这样运动的：它的运动方向是沿着你左手拇指的方向，而自旋指向左手的其他手指的方向。图 105 描绘了左手性和右手性的电子。一名优秀的棒球投球手什么也不说就能想到这些。如果他能投出右手球或左手球，下面我们将看到，击球手就有麻烦了。顺便提一句，图 26 中的光子既可以是右手性的也可以是左手性的。

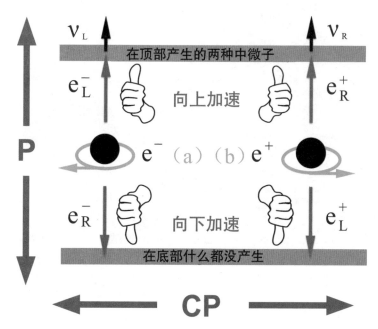

图 105　在极端相对论加速自旋上或下时 e_s^- 和 e_s^+ 的行为。只有左手性的 e_s^- 或右手性的 e_s^+ 产生中微子（图中上部）。你可能要把这页反过来或者头朝下来看朝地面射出的粒子的手性。图中的上半部和下半部通过 P 联系，左右两部分通过 CP 联系。

从繁乱的图 105（a）中取出电子自旋，然后加速它到"顶"，以使它在到达时接近光速：它几乎是纯左手性的[①]。或者以类似的方式将它加速到"底"。对图 105（b）中静止的正电子进行同样的操作。在到达顶部或底部时，这些粒子如何与物质发生弱相互作用，然后产生中微子？答案是宇称破缺。令人吃惊。

在镜子里一个箭头的指向表现为相反的方向，如图 105 中的蓝色箭头展示了 e^- 和 e^+ 加速向上或向下的相反速度一样。但是如果你看一个钟表指针的变化（如果你没有耐心的话就看秒针），你就会看到它们在镜子里是一样的。图 105 中 e^- 或 e^+ 的上下运动有同样的自旋方式，但运动方向相反。图 105 的上半部和下半

---

① 手性是螺旋性的高能极限，即自旋沿着运动方向的投影。螺旋可以通过观测者加速超越被观测粒子来实现反转。而手性则与观测者无关：相对论的不变性。

部因此由宇称变换所联系。

在图 105 的顶部，左手性的电子通过弱相互作用过程 $e_L^- p \rightarrow v_e^L n$ 产生了左手性的中微子。类似地，右手性的正电子通过 $e_R^+ n \rightarrow v_e^R p$ 产生右手性的中微子。只有 v_e^L 和 v_e^R 被观测到了。相对于电子态的数量，本来预期可能在图 105 底部得到的两种可能的中微子类型丢失了。我们不知道这些额外的家伙是"惰性的"（它们只参与引力相互作用），还是它们只是不存在。回到我们友好的击球手，估计有一半的电子（正电子）球他打不到，这取决于投球手如何控制它们的自旋。而他可能甚至不知道为什么！不用为你支持的球队担心，图 106 中的那种量子投球手还没有出生呢。

$$e_R^-$$

图 106　量子棒球。年轻的马约拉纳在击打右手性的电子球时总是打不到弹回来的中微子，而对左手性的就不是。查理·布朗只要试着打一下惰性中微子，结果就已经知道了。这里的左手性和右手性指的是球，而不是说投球手是左撇子还是右撇子。

在只有 v_e^L 和 v_e^R 存在时，它们是马约拉纳中微子的粒子－反粒子对[1]。这个选项在实验室中，可能也在宇宙中揭示了一类深层次的新物质与反物质的关系[2]。马约拉纳中微子会依其自旋和运动的相对角度产生粒子和反粒子，这个事实非常令人吃惊。中微子的本性还是一个悬而未决的问题，这里可作为我们知道自己不知道的许多事情中的一个详细例子。

---

① 纪念埃托雷·马约拉纳，西西里的一位才华横溢的年轻物理学家。他在从帕勒莫去那不勒斯时或此后的某个时刻神秘地失踪了，再也没有被找到。

② 假想的马约拉纳粒子－反粒子对也许对在宇宙中产生物质－反物质不对称起了作用，这部分内容已在第 26 章中讨论过。

若试图测定中微子是不是"马约拉纳"的，可利用一个叫作双 β 衰变的过程。图 107 展示了这些实验中的一个。一些原子的同位素自发地在一个反应中使 β 衰变加倍，在这个过程中核子的两个中子在一次反应里衰变成了两个电子、两个中微子和两个质子，在周期表中向上走了两格。这个相当常规的过程如图 107（a）所示。

如果不是没有质量，一个右手性的中微子也许就能静止下来，自旋的方向指向以前运动时的方向。如果向相反的方向加速，它就像左手性的中微子那样运动。这个过程的描述在图 107（b）中可以看到，有点像图 105 中的那个，除了顶部和底部变成了上面和下面的中子，还有在它们之间运动的粒子是中微子，而不是电子和正电子。在"顶部"，一个电子总是和一个右手性的中微子一起出现。如果"下降"的右手性的中微子是马约拉纳的，它就会这样传播：它的质量能"翻转"成看起来像是左手性的中微子。撞到下面的中子时，左手性的中微子通常会产生另一个电子。

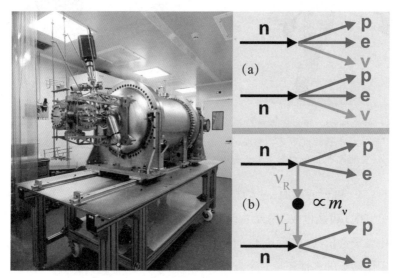

图 107　一个桌面实验试图揭示一个中微子的马约拉纳假说属性并限制它的质量。左图所示装置位于法国和西班牙之间的坎弗兰克隧道内。照片经胡安·约瑟·戈麦斯·卡德纳斯许可使用。

这里描述的过程可能只针对有质量的马约拉纳中微子，被没有创意地称为中微子缺失双 β 衰变。这个实验结果从未被观测到。许多实验曾尝试过，有的目前还在继续进行。

交换粒子和反粒子的操作叫作电荷共轭对称，记作 C。像宇称一样，C 相对于引力、QED 和 QCD 被弱相互作用最大地破缺了。CP 的组合对弱相互作用几乎守恒，这就是为什么在图 105 中左侧和右侧非常相似的过程"发生了"，这和 CP 变换有关。在标准模型中，CP 也可以破缺，并且因为这个模型是严格的理论（以第 13 章的标准来说），这意味着它必须是破缺的。它的确是，正是以模型预言的方式。

反转"时间之箭"的操作称为时间反演。它只在弱相互作用下破缺，精确地补偿了 CP 的数量，因为 CPT 的组合操作（还是以第 13 章的标准）必须是绝对守恒的。为了观测 CPT 破缺，人们付出了巨大的努力，但至今为止都悲惨地失败了，因为事情就"应该"如此。CPT 理论声称基本相互作用的这个组合的对称是无懈可击的，它是用"摆手"方法难以解释的两件事情之一。另一个和 CPT 理论紧密相关的是在第 11 章开头讨论的自旋－统计理论。

第 32 章
暗物质

我们提到过暗物质很多次了，在此不必赘言。下面总结一下我们对其已经了解的 5 层含义。

- 暗物质表现得像粒子（基本粒子或非基本粒子），我们已经观测到它只和 4 种已知作用力中的一种发生反应，即引力。它不和光子耦合，由此而得名。
- 它是"冷的"，组成它的粒子当前以远远低于光速的速度运动。
- 它主导了从宇宙微波背景辐射中的微小密度涨落（高于平均水平）演化成星系和星系团的过程。
- 暗物质施加的引力在不同宇宙尺度上被观测到。
- 诸多寻找暗物质非引力作用的实验至今都失败了，其中包括直接在实验室中寻找它与普通物质的相互作用以及暗物质衰变或湮灭的天体物理信号。

暗能量在最大宇宙学距离上的观测效应由哈勃关系给出，在更大红移上的效应由宇宙微波背景辐射测出。暗物质影响了微波背景声波波峰的相对高度，也就是图 94 和表 1 给出的结果。但非常清楚的暗物质效应也可以在小得多的尺度上找到。

第一个真正令人信服的暗物质证据由弗里茨·兹威基在 1933 年研究后发星系团时给出，那是一个距离我们"很近"的星系团——大约 3.4×10^8 光年。图 108 展示了后发星系团。

一个由引力束缚在一起的稳定星系群的整个引力势和（负）总动能的两倍必须相等。兹威基发现这条定理对后发星系团不适用。利用太阳系周围参考恒星的质光比和星系团的亮度，他可以推断出星系团的质量分布。但是星系的运动太快了：它们需要一个更强的引力势阱，因此额外的质量是不发光的物质所具有的质量。① 当前的估计是后发星系团中的暗物质比可见物质大概多 10 倍。

图 108　后发星系团中的数千个星系（（哈勃空间望远镜拍摄）。这个星系团的角直径约是月球的 4 倍。经（ESO）欧洲南方天文台许可使用。

　　1975 年，薇拉·鲁宾和肯特·福特宣布了他们的发现——关于星系的旋转曲线，它可以作为在独立星系这种小得多的尺度上存在暗物质的证据。图 109 展示了 M33 星系的转动曲线，这类似于兹威基所做的工作，但是要精确得多。从观测到的亮度，人们可以推断恒星和气体的质量分布。从这个推断和牛顿定律出发，人们可以预言在这个系统中所有受引力束缚的天体的旋转速度，接着就可以测量这些速度，包括星系中心区域的恒星以及外侧少量绕轨道运动的氢气的速度。这个预言失败了，原因是仍然需要再多一个数量级的不发光物质。星系的暗物质晕比它们的可见部分的质量和范围大得多。

_____

① 兹威基还必须考虑他的假设也许是错的。例如，物理定律也许不是全宇宙适用的，或者这个星系团没有达到平衡态。

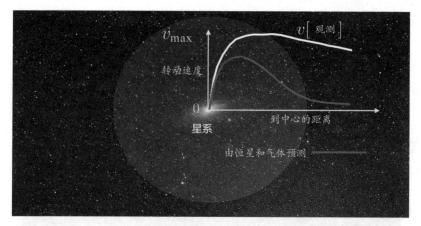

图 109　M33 的转动曲线。红色曲线表示以径向距离为函数的速度，由普通物质的质量分布预言，在大半径处以 $1/\sqrt{R}$ 下降，就像围绕太阳运转的行星的速度。白色曲线对应于观测到的星光和"21 厘米线"频率的移动，21 厘米线是由中性氢原子内的电子和质子相对自旋反转时所发出的辐射。图片来自 stefania，公开版权。

引力透镜

1919 年 5 月发生了一次可见的日全食。远征队去巴西和非洲拍摄了在日全食过程中太阳视线方向附近的恒星，结果震惊了世界。看一下图 110 左侧《纽约时报》的报道。为什么科学界的人或多或少地都有些兴奋？

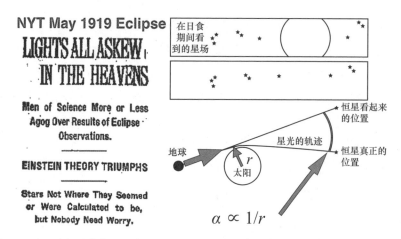

图 110　当一些恒星在太阳视线方向附近被观测时（在日食过程中，观测者就不会受阳光的影响），太阳的引力改变了它们的位置，而且它们离太阳越近，改变得越大。

牛顿力学不适用于以光速运动的物体，比如光。在相对论出现之前通过一些非正统的牛顿方法，已经有研究指出一个质量为 M 的物体能够弯折从它的附近经过的光，如果光到它的中心的距离是 r，那么弯曲的角度 $\alpha = 2GM/(rc^2)$，G 是万有引力常数。从图 1 中的爱因斯坦场方程得到的正确结果是这个数值的两倍。观测日食的远征队验证了爱因斯坦理论的正确性，使他立即成名。正如《纽约时报》总结的："……但是没有人需要担心。"

在日食的例子中，太阳的作用就像一个聚光的"引力透镜"。当被观测物体在透镜后面正对其中心的方向上时，可能会出现一种极端情况。这个被透镜放大的物体看起来完全变形成"爱因斯坦环"，也许应该改名来纪念奥列斯特·奇沃尔松，他比爱因斯坦早 12 年提出了这个概念。这再次低估了科学永不休止的进步趋势。爱因斯坦这样写道："当然，没有希望能直接观测到这种现象。首先，我们几乎不可能接近这样一条中心线。其次，弯曲角度 α 将会挑战仪器的分辨率。"

图 111 给出了两个引力透镜产生爱因斯坦环的例子。经分析提取出的透镜质量无论是来自一个星系还是来自一个星系团，结果总是暗物质的质量比普通物质高一个数量级。

图 111　左图：一个几乎完美的爱因斯坦环，由一个遥远星系在较近的中间星系的透镜作用下产生。图像合成数据来自 B. Saxton NRAO/AUI/NSF ALMA（NRAO/ESO/NAOJ）。右图："笑脸"，由 HST（NASA/ESA）观测到的被一个星系团的引力透镜作用放大的遥远星系（蓝色）。图中的"眼睛"是两个明亮的星系。

也许最华丽的引力透镜观测结果是子弹星系团的暗物质，如图 112 所示。大约 1.5 亿年前两个星系团相遇并撞到了一起。

图 112　子弹星系团的图像。X 射线图像来自 NASA/CXC/M.Markevitch 等，光学图像来自 NASA/STScI，透镜图像来自 NASA/STScI、ESO WFI。

一个星系团中普通物质的气体与另一个星系团中的发生碰撞，使它们的相对运动速度减慢并以图中的红色斑块表示。星系团中的星系和它们的恒星数量很多，但是互相之间离得很远。它们不会近距离遭遇，而是几乎不受损害地存活下来，并像星系团碰撞前那样继续运动。这些星系就像我们在图 112 中的蓝色斑块中看到的那样。这些后期加到照片中的蓝色斑块是从暗物质对背景星系产生的引力透镜作用推断出来的暗物质晕的范围。星系团中的暗物质只发生引力作用，所以也在碰撞中几乎不受损害地存活下来。

图 113 给出了子弹星系团碰撞前后的解释。

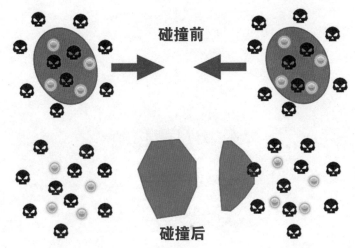

图 113　两个形成子弹星系团的碰撞方案。在碰撞后发生振荡的气体用橘红色标记，星系用黄色表示，其他的符号表示暗物质粒子。

第 33 章
"结构"的起源

　　就在快到复合时期时，宇宙是由等离子体、光子、中微子等普通物质和暗物质近乎均匀地搅拌而成的一锅浓汤。前面的这些普通物质变成了固定尺寸的原子，接着就从宇宙的大尺度膨胀中"退耦"出来了。在引力作用下，一些暗物质和普通物质更稠密的区域逐渐形成了具有稳定尺寸的"结构"，比如恒星、行星、星系和星系团。就在我们说话的时候，巨大的星系团也正在逐渐形成，只是要比我们的语速慢得多。

　　在宇宙复合之后的第一个阶段，对其结构形成的研究相对比较简单。其中暗物质的密度相对于平均水平略高或略低的区域在宇宙膨胀和暗物质粒子之间的引力作用相互竞争的影响下发生演变，由此增强了密度较高或较低的区域之间的密度对比，并在相对稠密的区域产生了一种充满"空洞"的丝状结构。普通物质的这种对比"遵循"了与暗物质同样的模式。在较大尺度上，宇宙的密度对比正如图 114 所示的演化过程那样，这看起来好像是观测得到的，但实际上是计算机生成的结果。

　　图 114 所示的演化过程是 ΛCDM 模型下的 "N 体"模拟[①] 的一个示例，其中 N 代表暗物质粒子的数量，可以达到数十亿个，计算机密切地关注着它们的命运。一旦"组织形式变为非线性的"，即高低密度之间的对比显著超过了均匀态，计算机就是必不可少的了。此外，星系或更小尺度结构的形成过程会非常复杂：普通物质在其中发挥作用，还有它们的湍流、辐射的冷却或加

---

① 科学家所做的"计算机模拟"与《牛津英语词典》对该词条的第一种定义通常并不一致。

热、可能的再电离、对磁场的敏感……都是极难处理的。这些问题目前仍是
非常活跃的研究主题。

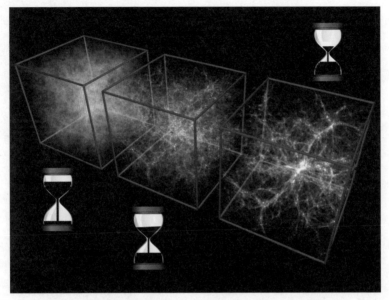

图 114　在一个 ΛCDM 模型下，结构随时间演化的"N 体"模拟。版权
归沃克·施普林格尔所有。

第 34 章
宇宙的命运

正如我们所看到的，目前宇宙的能量密度主要由它的真空能量决定，翻看一下图 94。这一能量密度在观测误差范围内是各向同性（在所有方向上相同）且不随时间变化的。这可能就是爱因斯坦的宇宙常数，他在广义相对论公式中提到过……以某种方式。是怎么做到的？也许是因为在基础物理学中，任何不被禁止的都是强制性的。如果宇宙常数现在支配着整个宇宙，那么它就将永远支配下去。这意味着空间的膨胀会继续加速。最终，大多数星系团会彼此相距太远，以至于未来的天文学家将再也看不到它们。宇宙学将不再是一种科学，而成为远古历史中翻过去的一页。

以我们当前对宇宙的理解，它所需要的原初暴胀也许不是"全部的真相"，但它一定是真相的一部分，就像科学史中很多早先的事件一样。原初暴胀有一个终结，否则宇宙不会演变到现在的阶段。因此，造成了原初暴胀的真空能量密度也是依时性的，它最终慢慢地消失了，对此我们曾结合图 102 进行了讨论。如果当前的暗能量密度不是恒定不变的，那么它也将会趋于零。在这种情况下，宇宙可能会持续扩张下去或在一场"大收缩"中再次坍缩。我们不会看到其中的任何一种场景，与此相关的时间尺度使得宇宙当前的年龄都不值得一提了。

第 35 章
重提以太

为了回答一个经常被提到的问题，让我先将书中零散提到的关于真空的说法汇总一下。

真空是一种非常活跃的存在。无论是在当下还是在久远的过去，它的能量密度都在控制着宇宙的膨胀。现在，一种均匀分布于宇宙中的希格斯场正与所有（其他）有质量的基本粒子相互作用并赋予它们质量。这种有某种物质在除其之外"空无一物"的空间中仍然存在的想法让我们想到了以太，一种古老的关于空间"本质"的假说。

以太被认为是任何东西（包括光）能在除其之外空无一物的区域中进行传播的媒介，并且是空间的绝对静止系统。从这个意义上讲，希格斯场的非零真空期望值（VEV）就不是以太。我们不可能探测到一个物体相对于零自旋场的 VEV 的运动，这是由相对论得到的结论。这是最终答案吗？

看来不一定。我们知道，我们是在银河系的带动下相对于一个微波背景辐射具有极大各向同性的系统运动，翻看一下图 91 的上半部分。因此，终究有一个更高等级的宇宙静止系统，让我们可以测量我们在其中的运动。但这不会是一种"绝对"运动，它是相对于这个微波背景辐射各向同性的系统的。它也可能是相对于一块砖。相对论解释得很好，以太反击无效。

第 36 章
碰　撞

上帝啊，即使被困在果壳之中，我仍可当自己是无限空间之王，只要这并不是噩梦。

——《哈姆雷特》[1]

研究微观和宏观的宇宙，也就是物理世界中最短的距离或时间和最长的距离或时间，我们面对同样的基本概念：量子场和它们的相互作用。如图 115 所示，在衡量大小的标尺上，我们在中间的某个位置，一边是生物、化学和粒子物理，另一边是地理、天体物理和宇宙学。但是到目前为止，两个极端的并合仍然十分艰难。

宇宙常数是单位体积中的一种能量。在第 3 章和第 9 章中所说的"自然单位制"下，它是质量的四次方（M^4）。在图 1 描述引力场的方程中，仅有的质量维度的常数是万有引力常数 G，它是质量的负二次方。这让我们可以定义一个普朗克质量，$M_P = \dfrac{1}{\sqrt{G}} \approx 1.22 \times 10^{19}$ 吉电子伏，这是一个巨大的数[2]。如果引力是这里仅有的游戏，就像在暴胀时期那样，人们大概会期待原初宇宙常数 Λ_{inf} 的值等于 M_P^4，也许还要乘上某个优美的常数，比如 4π。然后具体的暴胀模型中的质量范

---

[1] 人们对莎士比亚的这部作品有成百上千个富有想象力的诠释。在一种有趣的说法中，彼得·阿士尔认为《哈姆雷特》是中世纪时期地心说和日心说理论竞争的一则寓言，其中有丹麦天文学家第谷·布拉赫的影子。

[2] 比较一下 M_P 和质子质量 m_p（约 0.936 吉电子伏），或者当前 LHC 中质子－质子对撞机中的能量（1.3×10^4 吉电子伏）。

围不会偏离 M_p 太远。

图 115 粒子物理和宇宙学不成功的融合。

为适应观测结果，需要引入一些数，如果这些数被设定得特别大或特别小，又没有什么好的理论依据，物理学家就会称其为"不自然"。"得体的"理论要有"得体的"数，比如图 1 中的 8π、图 30 中的 2/3 和 $-1/3$ 以及第 13 章中讨论的电子磁场反常 2π，等等。

以任意一个至今还是假说的量子引力理论来看，对于 $\Lambda \approx M_\mathrm{p}^4$（或在那个值附近）的猜测看上去是一个"自然的"值。没有一个已知的（理论）原因可以解释为什么它不应该是当前宇宙应该有的值，但是这里有个问题，M_p^4 的值比当前测量到的宇宙常数大 120 个数量级。这无疑是有史以来最大的同时也是最有意思的可量化谜题。

就在几年前，宇宙常数还没有被测量，所以 $\Lambda=0$ 被认为是可能的[①]。如图 116 所示，要解释这个结果，一个尚未发现的对称或机制是必需的。现在我们发现 Λ 不为零，这个情况就更加具有挑战性了。每位物理学家都应该每天花上几小时来解释，否则就该进监狱。

① 一个例外是阿兰·桑德奇，哈勃事业的继承者。他坚持认为从他的观测中得到的宇宙常数不是零。

图 116　一种对于宇宙常数无法再接受的态度：Λ（或者类似的其他什么东西）测出来居然不是零。

到今天，广义相对论方程或者粒子物理的标准模型已经被人们熟知，你会发现它们无处不在，请看图 117。然而，没有人能把它们统一成一个更高级的万有理论。我们有的只是一个缩写——TOE。

图 117　玻利维亚的火车墓地（吉米·哈里斯拍摄）与 CERN 咖啡杯——摆得让人不怎么有食欲。

第 37 章
尽管我们承认自己无知

问题来了：诸如空间和时间之类的概念是"基本的"吗，或者它们是从某些更加"基础的"东西中"显现"出来的吗？我们的宇宙仅仅是某个具有不同空间维数的其他宇宙的一个"全息图"吗？暴胀是怎么开始的？是来自量子涨落，因而从无到有？自然的法则是怎么产生的？真的有不相关联的多重宇宙吗？如果是真的，我们是否恰好住在那些能产生或者很有可能产生智慧生命的宇宙中的一个中？对于这些有争议的问题，没有已知的可验证的科学答案，只有宗教或哲学的信仰。

《圣经》(节选)

起初，神创造天地。

地是空虚混沌。渊面黑暗。神的灵运行在水面上。

神说，要有光，就有了光。

神看光是好的，就把光暗分开了。

神称光为昼，称暗为夜。有晚上，有早晨，这是头一日。

暴胀及其之前
亚历山大的巴西利德，公元 137 年前后

曾经什么都没有，没有任何实物，但就平实的语言来说……就是什么也没有……

……当什么都没有的时候，没有物质，没有实物，没有非实体……没有人，没有天使……也没有上帝……于是不存在的上帝没有意识、感觉、计划、目的、

感情和欲望来创造一个世界（我说"欲望"是自我的表达，但是我的意思是这个行为是非自愿的、非理性的且无意识的）。

对于"世界"，我不是指后来出现的时间和空间的世界，而是世界的胚芽。这个种子潜在地包含了在它之内的所有东西。

因此，一个不存在的上帝从空无一物中创造了一个不存在的世界。

正如爱因斯坦所说："我们不仅想要理解自然是如何运行的，我们还要追逐一个也许有些不切实际和不自量力的目标，搞清楚自然为什么以这种方式而不是其他方式运行。"

自然最为意义深远的谜团是它可以被图像化并以数学形式驾驭；科学家们最厉害的本领就是他们能想象抽象化的概念，并将其转化为可以测量的物理现实。粒子物理的标准模型和宇宙学就是例子，它们的研究者富有想象力的自信心态总是让我回想起同样的旧事。

我的高中数学老师完全与数学融为了一体，这表现为他完全相信数学抽象的实际现实。他会走到黑板前画出 x 轴和 y 轴。从坐标原点开始，他捏紧的手指会慢慢地展开成一个虚构的 z 轴，指向被他深深吸引的听众中间。在这堂课的剩余时间，他在走动时也总是忘不了稳稳地举起一只手来表示那条想象中的线，他还会弯腰从 z 轴下面穿过，见图 118。

图 118　理查德·费曼于 1965 年 12 月 17 日在 CERN 进行演讲。在这张合成照片中，他扮演了我的高中数学老师，而坐标轴也依正文假设由他绘制。另外一个站着的人是维克多·维斯科普夫，时任 CERN 主任。

术语解释

CERN：位于日内瓦附近的欧洲核子研究组织，一个多国参与研究工作的粒子物理高能实验室，主要任务不是研究"核"物理。它的目标是纯科学的，它的研究结果全部公开，用于非军事化用途，而且不是为了原子能项目。来自 70 多个国家的大约 2300 名工作人员和 12000 位访问学者在 CERN 工作。

g：地球表面的重力加速度，$g=GM_\oplus/R_\oplus^2 \approx 9.8$ 米 / 秒。这里的 $M_\oplus$ 和 $R_\oplus$ 分别是地球的质量和半径。

G：万有引力常数的符号。

ΛCDM：当前宇宙学的标准模型。参见"宇宙常数"和"冷暗物质"。

π 子：自旋为零的玻色子，由一个轻夸克（u 或 d）和一个反轻夸克组成，比如 $\pi^+=(\bar{\mathrm{d}}\mathrm{u})$。

暗物质：一种未知的东西，由物质（也就是粒子）组成，而且和光子没有显著的耦合效应，因此不会发射和吸收光。只有通过间接的、整体的、天体物理或宇宙学的引力透镜效应，暗物质才能被观测到。

暴胀：宇宙空间呈指数式加速膨胀。"指数式"的意思是空间的尺度（比如两个遥远星系之间的距离）在每经过相同的时间间隔后都会加倍。观测表明现在的宇宙（又）在暴胀。

暴胀范式：认为宇宙在早期远小于 1 秒的时间内经过了暴胀阶段的观点（包含不止一种理论），有观测数据支持。

标准模型（针对基本粒子）：一个描述了强相互作用（量子色动力学）、统一电磁场（量子电动力学）和弱相互作用的理论。最新的成就：希格斯玻色子的发现。

波长：用 λ 来表示，指一束波的两个连续峰值间的距离。如果波速是 v，频率是 f，那么 $\lambda=v/f$。

玻色子：具有整数自旋的粒子（0, 1, …）。不像费米子，同样的玻色子不会"填满盒子"。如果玻色子处于同样的量子态（例如同样的能量、自旋和运动方向），增加额外的粒子会逐渐变得更容易。激光就是基于这个原理工作的。

参照系（或参考标架）：一个真实或抽象的坐标系和一组参照点，唯一地给出了坐标系的位置和朝向。在相对论里，还包括里程标记处的静止时钟。

场：这里指的是"相对论性量子场"，在时空的每个点"局域地"定义，描述基本粒子的性质和它们之间的相互作用。例如，电磁场描述电力、磁力、光波以及单个光子，电子场描述电子和正电子，电磁场和电子场耦合起来后描述它们的相互作用。

场论：一种对现实世界的数学描述，基于场的概念。广义相对论、量子电动力学、量子色动力学都是例子。

超新星：年老的大质量恒星或者双星系统并合时发生剧烈爆发。后一种类型的非常亮的超新星被用来测量宇宙学距离。

大爆炸：指的是宇宙的起源和演化，不一定是传统意义上的"大"，也不应被理解为炸弹爆炸的"爆炸"，而是空间的一种膨胀。

等离子体：物质的第四态（除了固态、液态、气态之外）。由于物质极密极热，相互碰撞后，其组成部分（原子，甚至是原子核和核子）分裂成更小的部分。

电荷：一种使物体与光子耦合、物体能发射或吸收光子的特性，而且是物体所产生的磁场的来源。物理学上约定电子的电荷是负的。

电子：最轻的带电轻子。

动能：物体运动时所具有的能量。对于质量为 m、速度为 v 的粒子，在 v 远小于光速的情况下，其动能是 $E_k \approx \frac{1}{2}mv^2$。

反物质 / 反粒子：是由狭义相对论和量子力学推断出的一个结果，每一个带电粒子都存在反粒子，它们具有相同的质量和相反的电荷。电子和（被预言的）正电子是最早被发现的这种粒子对。

费米子：具有半整数自旋（1/2，3/2，…）的粒子。与玻色子不同，处于同一个量子态的全同费米子（比如原子里具有相同轨道能量和自旋方向的电子）能够"充满整个盒子"，而不允许再进来一个。因此，液体和固体很难被压缩。

复合时期：是在宇宙年龄为 38 万年的时候，在这一时期，普通物质从一种等离子体态（主要是质子、电子和光子）变成了原子（主要是氢）。在这个过程中，宇宙对光子逐渐变得透明，这些光子就是我们现在看到的微波背景辐射。

高能实验室：指的是研究粒子物理的实验室，主要在高能范畴。目前最大的高能实验室是位于瑞士和法国边境的欧洲核子研究组织（CERN），以及美国的费米实验室。在第二次世界大战前后，欧洲的粒子物理研究机构和许多其他科研机构不得不迁往美国，建立了多个实验室，比如布鲁克海文国家实验室（BNL）、斯坦福直线加速器中心（SLAC）。由于超导超级对撞机（SSC，一个原计划在美国得克萨斯州建设的比LHC还大的加速器项目）项目的取消，许多这类实验物理活动跨越大西洋回归欧洲。

各向异性：通过微波背景辐射观测到不同方向的区域中有的温度略高，有的温度略低。这种各向异性在复合时期之后演化成今天的天体结构（恒星、星系、星系团），被认为起源于暴胀时期的量子涨落。

惯性的：未被加速的，用于描述一个观测者或者观测者在其中处于静止状态的空间参照系，可能包括空间坐标和时钟。

光子：组成光和其他人眼不可见的电磁辐射的粒子。微波、射电波以及红外波段光子的能量和频率比可见光的低。紫外光、X射线、伽马射线的能量高于可见光。

广义相对论：爱因斯坦关于引力和时空几何的场论，基于加速度和引力的局部等效性。最近的成功案例：对双中子星发出的引力波的发现，以及LIGO对两个黑洞并合时发出的引力波的探测。

规范理论：一种场论，其中一个令人感到惊异的特征是，在这种理论里某些基本概念是部分地冗余或不可观测的。比如，电池的一个电极的电压是不可观测的，而两个电极的电压差是可观测的。这里的冗余在于，我们可以往电极的电压上添加任何常数而不影响电极之间电压差的值。量子电动力学和量子色动力学都属于规范理论，尽管比这里的电压差的例子要更微妙一些。

荷：参见"电荷"与"色荷"。

核子：原子核的组成部分，即质子或中子。

黑洞：黑洞的质量半径比（M/R）大到能让它的引力可以阻止任何东西（包括光）逃脱它的事件视界（一个到中心的距离为R_S的表面）。对一个非转动的黑洞，$M/R>1/(2G)$，$R_S=2GM$，G是万有引力常数，所有量都采用自然单位。

红移：一般用z表示。用于测量由光源退行运动所引起的（或者是由发光体和观测者所处空间的膨胀引起的）光波波长被拉长的效应，前一种（指光源退行运动）和人们熟知的声音的多普勒效应类似。

基本粒子：组成部分（如果有的话）尚未被发现的粒子。标准模型对它们之间的相互作用的描述是"局域性"的：相互作用发生在时空中的一个点。在这种意义上，基本粒子没有大小。

胶子：传递量子色动力学相互作用的中介粒子，自旋为 1。它与光子类似，但光子不带电荷，光子与光子之间没有直接耦合。胶子带有色荷，可以直接与别的胶子耦合。

角动量：用于度量物体围绕一个点转动的"多少"。对于一个绕自己转动的物体，比如陀螺，角动量叫作自旋。

介子：由一个夸克和一个反夸克组成的非基本粒子。比如，$\pi = (d\bar{u})$（即 π 介子由一个下夸克和一个反上夸克组成）。介子的原意是"不轻不重"，现在已经不用这层意思了。

禁闭：描述的是带有色荷的粒子，即夸克和胶子。色荷不能孤立存在。自然界中有色荷的粒子只出现在组合中，它们的总色荷为中性。人们观测到的禁闭还没有被完全从理论（数学）上很好地解释。

经典的：描述自然事实的时候不需要（在一定的精度上）使用量子力学。

夸克：自旋为 1/2 的基本粒子，具有 6 种不同的味。"味"是用来区分具有不同质量和电荷的夸克的。夸克的 6 种味是：上（u）、粲（c）、顶（t）（电荷为 2/3）、下（d）、奇（s）、底（b）（电荷为 $-1/3$）。每种味的夸克可以具有 3 种不同的颜色，同时具有相同的质量。奇夸克、粲夸克、底夸克、顶夸克的质量远大于上夸克和下夸克的质量，它们很不稳定，比如 $s \to u\bar{d}d$。

类星体：星系中心的巨型黑洞吸积周围的物质，其中的一部分以喷流的形式被抛出，发出可见电磁辐射。沿着喷流方向的辐射最强。

冷暗物质（CDM）：在宇宙演化的当前时刻，组成暗物质粒子的温度相对于它们的质量可以忽略。

离子：被剥离一个或多个电子的原子。

量子电动力学：用于描述光子和带电粒子的相对论性量子场论。

量子力学或量子理论：令人惊叹但经过了各种实验检验的理论，是描述自然界的必需一环。"量子"指的是某些可观测量（比如原子发出的光子的能量）的取值不连续。另外，某些成对的可观测量（比如位置和速度）的测量精度的乘积不可能小于某个数。

量子色动力学：用于描述带色荷粒子（夸克和胶子）的相对论性量子场论。

临界能量密度：一个宇宙的精确能量密度，在广义相对论中相对应的几何性质是"平坦的"（而不像球体表面那样是弯曲的）。在一个假想的膨胀宇宙中，如果物质的能量密度恰好使宇宙在引力作用下停止（而不是逆转）膨胀，这个宇宙就仅仅包含了临界的质量。

洛伦兹因子：即函数 $\gamma(v) = 1/\sqrt{1-v^2/c^2}$，在狭义相对论方程里是一个常见的因子。

脉冲星：发射电磁波的旋转中子星，其辐射集中于一束光里，像灯塔那样。

耦合：不同基本粒子之间的相互影响，描述了它们之间的相互作用。例如电子与光子耦合，描述了一个电子（或者它的反粒子，即正电子）如何发射（或吸收）一个光子；或者相关的过程，一个光子可以变成一个电子－正电子对，等等。

频率：用符号 f 表示，指单位时间间隔（比如 1 秒）内的一个正在通过的波达到最大幅度的次数。对于波速为 v、波长为 λ 的波，$f=v/\lambda$。

强相互作用：当前指的是色动力学作用，在过去表示质子、中子和其他强子之间的力，现在这个力不再被认为是基本的相互作用了。

强子：一种强相互作用粒子，要么是重子（由 3 个夸克组成），要么是介子（由一个夸克和一个反夸克组成）。

轻子：自旋为 1/2 的基本粒子，不带色荷。电子（e）、μ 子、τ 子都是带电的轻子，它们相应的中微子都不带电。参考"中微子"。

弱相互作用：由中间矢量玻色子作为媒介的相互作用。中间矢量玻色子包括 Z，W^+ 和 W^-。这些自旋为 1 的作用力的携带者可以和光子类比（也相关），但是它们的质量不为零。

色荷：夸克和胶子携带的荷，可以让它们与强相互作用的携带者胶子耦合。

矢量：一个既有大小又有方向（在给定的参照系中）的量。

事件：在相对论里，指的是在一个特定的时空点发生的事情；在粒子物理领域，指的是粒子衰变成其他粒子，或者两个粒子的碰撞结果。

万有引力常数：用符号 G 表示，描述的是两个非相对论性的、距离为 R、质量分

别为 M_1 和 M_2 的物体之间的引力的强度：$F=-GM_1 M_2/R^2$。负号表明是吸引力。

味：参见"夸克"。

温度：物质构成组分的平均动能，甚至一系列光子（例如宇宙背景辐射）也有一个能量的"热分布"，可以用一个温度来表征（对光子来说，总能量和动能是一样的，因为它们没有质量）。

物质：在宇宙学里指的是宇宙的非相对论性物质组分。

希格斯玻色子：一种呈电中性、自旋为零的粒子，其存在让基本粒子的标准模型几乎圆满。为什么说"几乎"？参见"轴子"。

希格斯场：描述希格斯玻色子及其相互作用的相对论性量子场，在真空态下其取值不是零（真空中充满了这种场）。通过与这种（不空的）真空相互作用，基本粒子获得质量。这种场的自旋是零，其非零真空值并不组成以太。简单估计出的希格斯场的能量密度比宇宙常数大许多个数量级，这是个难题。

狭义相对论：爱因斯坦的时空理论，涉及光的运动和有质量物体间的匀速运动。它针对的是惯性观测者和他们的参照系。

相对论性：一个理论如果遵循爱因斯坦的相对论，或者一个物体的运动速度比光速小不了多少，我们就称之为相对论性的。

星系：被引力束缚在一起的大量恒星的集合。我们的星系（即银河系）包含几千亿颗恒星。

星系团：大量的星系被引力束缚在一起形成的系统。

以太：一种假想的物质，用来定义时空的绝对参照系，其经观测已被证实不存在。

引力波：广义相对论预言的时空涟漪，以光速传播，由加速运动的大质量天体发出。

引力子：传递万有引力的不带电且自旋为 2 的基本粒子。引力子的耦合太弱，使得探测单个引力子太困难，但根据它们的集体效应，我们可确切地知道它们的自旋和质量（为零）。

宇宙背景辐射（CBR 或 CMB）：源于早期宇宙的光，而当前弥漫在宇宙中。现在它的温度大约为 2.7 开，位于能量的微波范围内，所以它还有个英文缩写：MWBR（微波背景辐射）。

宇宙常数：记为 Λ，爱因斯坦广义相对论方程中的一项，现在被认为是真空能量密度，导致了当前宇宙加速膨胀（如果 Λ 不是真空能量密度，那么它也将是某种非常类似的东西）。

宇宙学原理：这个假设被观测所证实，就是自然法则在宇宙的每个地方都一样。

原子核：原子中心处带正电的物质，由质子和中子组成，半径是原子半径的十万分之几。

真空：当空间中所有能被拿走的东西都被清空了之后还留下的东西。真空在观测上并不是真正空无一物：并不是所有的东西能被拿走了。真空是一种实体，当前被时空中的一种稳定强度的希格斯场所充斥。

正电子：电子的反粒子，与电子的质量和自旋相同，但电荷相反。

质子：原子核的两种组分之一，由两个上夸克和一个下夸克构成，即 p=（uud）。

中间矢量玻色子：传递弱相互作用的、自旋为 1 的粒子。Z 子为电中性，W^+ 和 W^- 互为反粒子。

中微子：一种呈电中性的轻子。在"电荷流"弱相互作用中，电子中微子 v_e 变成电子（正电子中微子变成正电子）。类似地，μ 子中微子 v_μ 变成 μ 子，v_τ 变成 τ 子。

中性流：通过交换 Z 子这种中间矢量玻色子传递的弱相互作用。比如，$v_e p \rightarrow v_e p$。

中子：原子核的两种组成成分之一。中子由两个下夸克和一个上夸克组成，即 n=（udd）。

中子星：质量与太阳质量可比的天体，几乎全由中子组成，其密度与原子核的密度相当。在某种意义上，可以把这类恒星看成元素周期表的延续。

重轻子：这是一个明显的矛盾语，轻子指的是一种相对较轻的基本粒子。τ 子是一种重的轻子。

重子：一种由 3 个夸克组成的非基本粒子。例如：质子，p=(uud)。

轴子：由标准模型预言的一种非常轻的中性玻色子，它能非常顽固地逃脱探测。

自然单位制：一个极其方便的概念。令光速 $c=1$，则时间和空间的单位相同，能量和质量的单位相同（注意到 $E=mc^2$）。再令约化普朗克常数 $\hbar=1$，则能量和频率的单位相同，而自旋变成无单位的数。所有的量都可以表示成质量的幂。再令 $G=1$，则所有单位都消失。

自旋：一个量子力学概念，它描述了一个物体在转动时的"行为"，或者不太准确的说法是它如何绕自己旋转。即使基本粒子（没有内部结构）也会有一个非零的自旋。自旋是量子化的。在自然单位制下，它可以是一个整数（0，1，…）或者半整数（1/2，3/2，…）。玻色子都有整数自旋，费米子都有半整数自旋。

坐标系：用于在特定参照系中长度的测量。在相对论中，广为人知的是，时间被认为是第四个坐标或者维度，这与其他物理理论不同。